城山英明・鈴木達治郎・角和昌浩【編著】

日本の未来社会

エネルギー・環境と技術・政策

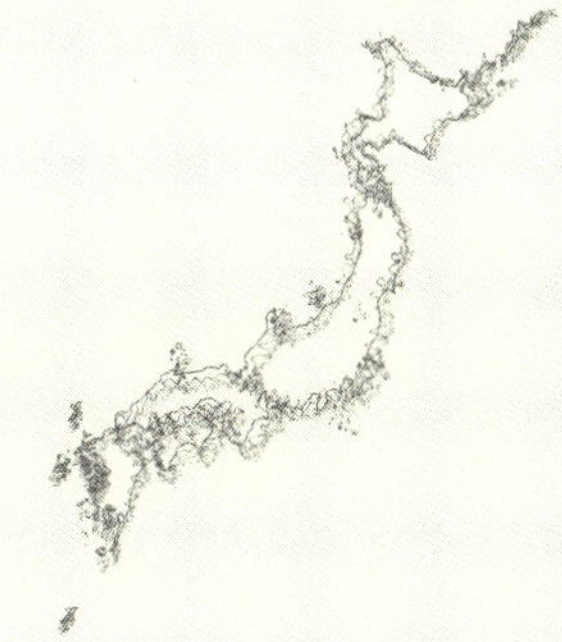

東信堂

はじめに

本書は、東京大学公共政策大学院寄附講座「エネルギー・地球環境の持続性確保と公共政策」（SEPP）における二〇〇六年～二〇〇八年度の三年間にわたる研究成果をまとめたものである。

地球規模のエネルギー・環境問題を考えるにあたり、本寄附講座では、日本の未来を通して、エネルギー・環境の持続性確保に貢献する「新技術と製品の場」をどう開拓し、拡大していくかを大きなテーマに据えた。エネルギーの供給インフラは短期間には転換することができない。しかし、人々の生活や考え方、それに基づくエネルギーの使い方は短期間でも大きく変化する可能性がある。したがって、私たちはエネルギーを使うという視点から、未来社会の可能性を探ることとした。また、現在から三〇年間という期間は、長期的な持続可能な社会への「移行期（transition period）」として重要な意味を持つ。その道程は、もちろん一本道ではない。といって、まったく未来が見えないわけでもない。将来の不確実性のなかから、いかに戦略的な選択を行っていくかが重要になる。

まず、企業や省庁といった幅広いステークホルダーが、エネルギー・環境技術・製品を普及していく上で、そのような課題・環境条件が重要であると考えているかに関して、ステークホルダー分析の手法を用いて問題構造化を行った。

その上で、この社会意思決定を支援するツールとして、私たちは「シナリオ・プランニング手法」を採用し、日本の未来社会について五つのモジュール（高齢化、都市と交通、食と農業、技術革新と社会、企業の国際化）を作成した。そして、五つのシナリオ作品に通底するメッセージを、三つの大きな未来シナリオにまとめた。こういったシナリオは、人々の多様な価値観に答えられる社会設計、企業戦略が重要であることを示唆するとともに、この未来シナリオにつながる現時点での選択は、まさに二〇四〇年以降の日本、そして世界の持続可能性につながる選択であることを示している。

最後に、このような問題構造化分析、シナリオ分析を通して明らかになったエネルギー・環境政策の課題、また、問題構造化分析、シナリオ分析なども用いて公共政策プロセス全体を再構築していく課題について、選択するエネルギー・環境政策という観点からまとめた。

未来の持続可能な社会に関心のある実務者、研究者を含め、幅広い読者に読んでもらいたい。

城山　英明
鈴木達治郎
角和　昌浩

日本の未来社会――エネルギー・環境と技術・政策／目次

キーワード

地球環境問題

原因と結果が地理的に限定されていた従来の環境問題と異なり、原因と結果が国境を越えて地球大で影響を及ぼす環境問題を指す。その先駆けとなったのは一九八〇年代半ば以降に急速に対応が進んだオゾン層破壊問題であり、その後大きな問題となっているのは地球温暖化問題である。地球温暖化問題は、特定の産業内部において対応することで解決可能であったオゾン層破壊問題と異なり、多様な産業、エネルギー生産、交通、居住のあり方等が原因となっているため、分野横断的な対応が不可欠である。

エネルギー安全保障

エネルギー供給に関わるさまざまなリスク（供給途絶、価格の乱高下、エネルギー供給施設における事故やテロリズムなど）に対処するため、短期的な危機対策（備蓄や代替供給先の確保など）や、中・長期的対策（エネルギー効率の改善、資源や代替エネルギーの開発・導入、供給源の多様化や資源国との外交努力など）をとることにより、人々の生活を守ることを言う。最近では、一国のエネルギー安全保障だけではなく、北東アジアや欧州全体のような「地域エネルギー安全保障」も重要視されるようになった。

持続性

人への健康影響に焦点が限定されていた公害問題と異なり、近年の環境問題では、気候変動に伴う農業活動や災害への影響、生態系への影響といった多様な側面に関心が広がりつつある。さらに、環境だけではなく、経済発展や安全保障を含めた多面的な影響を考慮する必要が出てきた。そのような関心対象の拡大を背景に持続性（サステイナビリティ）の確保が政策課題として浮上している。持続性には多様な要素があり、場合によってはこれらの諸要素が相互にトレードオフの関係に立つことも認識する必要がある。

ステークホルダー

意思決定に影響を与えうる関係者と、意思決定が影響を与えうる関係者の総称。利害関係者とも呼ばれる。意思決定において、その実現可能性を高めるという実用的視点、公共的な意思決定を開かれたものとするという公正性の視点、いずれの側面においても、ステークホルダーの意向を十分に考慮する必要があると考えられている。ステークホルダーを類型化し、それぞれの意向を把握・整理するためにステークホルダー分析が行われる。

シナリオ

未来のありうる姿を描き出し、時系列的なストーリーとして書き起こしたもの。シナリオ・プランニングとは、何らかの意思決定を行うにあたって、自らを取り巻く環境の不確実性を理解し、ありうる複数の将来可能性を検討することで、より良い意思決定を行おうとする思考方法を指す。シナリオ・プランニングでは、未来の不確実性がどこにあるのかを理解し、複数の「シナリオ」を描き出していく。それぞれのシナリオは、首尾一貫した世界となっており、どれも十分に起こりうるものとなっている。

サクセスフル・エイジング

年齢にかかわらず、自助努力を重視し、食生活や運動など健康管理に気を配りつつ、毎日の生活から得られる満足感を最大化するよう、さまざまな社会活動に積極的に関与するようなライフスタイル。平均寿命など客観的な指標に着目して制度化された介護などを前提に、受動的に生かされる加齢ではなく、主観的な満足に着目し、自己選択でさまざまな活動に関わり能動的に生きる加齢を、望ましい老いの姿と想定している。

コミュニティ

一般的に用いられる名詞ではあるが、特に、法制度や行政組織など狭義のガバナンス機構に依存していない、また、各構成員の行動選択に規範が強い影響力を持っている、人々の集合体を意味する。宗教団体はその最たるものであろうが、「家族」や日本の伝統的な「ムラ社会」も、そのような特性を持つコミュニティだと言える。また、その新たな形態として、国土交通省は「新しい公」と題し、コミュニティのような組織による国土管理を提案している。

分散型電源

大規模で需要地から離れた場所で集中的に発電する「集中型大規模電源」(五〇万～一〇〇キロワット級）に対し、需要地近辺で発電する小型（一〇万キロワット以下）の電源を「分散型電源」と呼ぶ。分散型電源は、規模の効果が期待できない小水力、風力、バイオマス、太陽光発電といった再生可能エネルギーが多い。今後再生可能エネルギーが急増した場合、送配電網の安定化・効率化のために、情報技術を活用し、効率的な制御を行う「スマートグリッド」が必要になると言われている。

コンパクトシティ

都市の郊外化やスプロール化を抑制し、市街地の物理的スケールを小さく保つことによって生活圏を縮小させるとともに、居住地、就業地、商業地を近接させるよう土地利用形態を誘導させることによって、人々の移動距離の短縮、都心部の再生、コミュニティの形成を目指す都市構造。コンパクトシティでは、職住近接、高人口密度が実現可能なことから、公共交通や徒歩・自転車の利用が向上し、結果的に環境負荷軽減に寄与することが期待されている。

電気自動車

モーターにより駆動力を得て走行する自動車。蓄電池式、燃料電池式、ハイブリッド式等の種類がある。蓄電池式や燃料電池式では、走行中に有害廃棄物を排出しないため、環境負荷が小さい。また、蓄電池式をはじめとする外部電源から電気供給を受ける形式であっても、原子力発電や風力発電等を活用することで、二酸化炭素の排出量が削減されるとされる。本格的普及には、蓄電池の寿命や走行可能距離の改良等の技術開発が必要であるとされており、多くの自動車会社が開発に取り組んでいる。

公共交通

不特定多数の人々が利用する交通機関。都市内交通では、鉄道、モノレール、路面電車、バス、乗合タクシーなどがある。インフラや車両等の固定費用が大きいため、市場に任せておくと、赤字経営、自然独占になりやすい。そのため、規制あるいは補助等の政府による介入がなされる場合が多い。公共交通は、単なる移動手段であるだけでなく、都市の骨格あるいはシンボルと見なされることが多く、都市計画、まちづくりの重要な一要素となっている。

農業の多面的機能

農業あるいは農村の持つ食糧生産以外の機能であり、具体的には、国土の保全、水田の涵養、自然環境の保全、景観の形成維持、文化の伝承、保健休暇、地域社会の維持活性化、食糧安全保障等の機能を指す。特に日本では中山間地における多面的機能確保の重要性が主張されており、中山間地直接支払い等制度の根拠をなしている。世界貿易機関の交渉では多面的機能を一つの論拠として保護農政が主張されることがある。

定年帰農・青年帰農

定年者や青年が都会の生活から逃れて、農業の担い手として再出発するという、向都離村と逆向きの人の流れ。また、高額所得者の間では、週末だけ農村住まいする「二箇所居住」をする者もいる。背後には、米国カリフォルニア州に見られるように、環境保護運動との結びつきもある。今後、このような流れが定着するためには、地方における医療、教育の問題への対応や、農業研修生などの新規就農者の受け入れ態勢を整えることが必須となる。

食の安全

二〇〇一年のBSE危機以来、食の安全に対する社会の関心が高まり、食品安全委員会が内閣府に設置された。以後、安全確保のための科学的・専門的な知見に基づくリスク分析の制度・仕組み作り、消費者を含めた関係者間でのリスクコミュニケーションが本格的に試みられている。しかし、安全リスクの科学的な因果律解明に際して不確実性の完全な除去は現実的には困難であり、不確実性の下でのコミュニケーションを強いられている。そのようななかで安心を確保するため、消費者は生産者・生産プロセスの表示制度や産地と直結した地産地消に関心を持ちつつある。

破壊的イノベーション

既存の価値観に基づけば、短期的には製品の性能を引き下げる効果を持つイノベーションであり、既存の顧客は評価しないが、主流から外れた少数の新しい顧客には評価される特長を有するものを指す。たとえば、デスクトップ・パソコンはメインフレームに対する破壊的イノベーションであり、ミニミルは高炉に対する破壊的イノベーションである。破壊的イノベーションは、存在しない新しい市場を生み出すため、技術開発に先立ってあらかじめ分析することがきわめて難しい。

ガラパゴス化

日本企業が提供する製品やサービスが、国内市場向けに高度化しすぎ、世界市場の水準とかけ離れて、オーバースペックをきたすこと。大陸とかけ離れたガラパゴス諸島の生物が、閉鎖的な環境で独自の進化をとげたことになぞらえた言葉である。日本企業は、国内では強い競争力を持つが、海外では、標準的な製品やサービスを廉価で提供する外国企業に太刀打ちできない場合がある。日本の携帯電話やデジタル家電、金融市場がその典型例である。

情報通信技術

通称はＩＴあるいはＩＣＴ。情報と通信に関する技術の総称であり、情報の共有（コミュニケーション）を念頭に置いたネットワーク技術を意味する。情報通信技術による情報アーカイブ（書庫）により、学術や文化、製品や投資、あるいは災害や病気などに関するさまざまなソーシャルキャピタルの構築が可能になる。最近では、情報の単なる集積や通信だけでなく、人々の災害、住居、交通あるいはネットワークにおける挙動を記録し検知するような監視技術も開発されている。

情報セキュリティ

情報の機密性や完全性（正確さや信頼性）、あるいは可用性（情報への適切なアクセス）を維持することを意味する。情報の暗号化やパスワードあるいは電子署名などは、セキュリティを担保する手段である。プライバシーが秘匿すべき情報の種類や中身そのものであるのに対し、セキュリティは情報の管理やアクセスに関する概念である。セキュリティ侵害によりテロリズムや人権侵害などが引き起こされる可能性があり、情報セキュリティは情報社会の鍵といえる。

グリーン・ニューディール

米国オバマ大統領が、雇用や経済回復に貢献し、かつ環境負荷の減少に貢献することを目的に発表した、新たなエネルギー・環境政策のこと。具体的には、再生可能エネルギーの倍増、低所得者層の住宅や連邦政府建物の断熱化、情報技術を送配電網に活用した、「スマートメーター」(デジタル技術により、リアルタイムで需要情報を需要側・供給側双方向の通信や制御を可能にする)や「スマートグリッド」の整備、自動車の燃費基準の改善などを打ち出した。これに似た構想が、欧州やアジアでも導入されつつあり、環境対策と経済成長の両立が実現される可能性が期待されている。

ガバナンス

単一の主体としての政府が強制力を持って一元的秩序を維持しているガバメントに対して、分散的に資源を保有する社会のさまざまな主体が相互作用を行いつつ構築する秩序をガバナンスと呼ぶ。しかし、ガバナンスはエネルギー、交通、建築といった政策分野ごとに縦割りで構築され、経路依存性に起因する変化への抵抗性を示すことも多い。社会環境が変化するなかで、このようなガバナンスの構造を変革していくには、従来の政策分野を横断して情報と認識を共有する主体間のネットワークと政策プロセスを構築していく必要がある。

日本の未来社会

――エネルギー・環境と技術・政策

第一部　エネルギー・環境技術導入への新たな切り口

第一章　ステークホルダー分析
——エネルギー・環境技術導入の問題構造化

松浦正浩・城山英明・鈴木達治郎

一．はじめに

エネルギーや地球環境の観点で優れた技術（本章では「エネルギー・環境技術」と呼ぶ）の導入と普及は、化石燃料の利用増加に伴うCO_2濃度の上昇と地球温暖化、エネルギー源枯渇への懸念、中国・インドの経済成長に伴うエネルギー需要の急激な増加など、さまざまな理由から、その必要性が高まっている。英国で発表されたスターン報告書は、迅速な気候温暖化対策に経済的メリットがあることを強調し、各国のエネルギー・環境政策に大きな影響力を与えている（Stern, 2007）。しかし、エネルギー・環境技術の導入・普及はあまり進んでいないのが実態だ。実際、日本の地球温暖化ガス排出削減の実績は、京都議定書で定められた一九九〇年比マイナス六％にはほど遠い。エネルギー・環境技術の導入と普及の遅れもその一因であることは間違いない。

技術の導入・普及の遅れを考える上で、地球温暖化対策の観点から社会的に望ましい導入・普及のすがたと、個人や事業者による現場での導入の意思決定との乖離について考える必要がある。社会的に望ましい技術が存在したとしても、それを導入するかどうかの最終決定は、実際にその技術を購入し、利用する者たちが握っている。技術の消費者の納得がなければ、省エネの観点でいかにすばらしいエネルギー・環境技術であったとしても、導入は進まない。

エネルギー・環境技術の導入と普及に向けた動機づけを行うためには、コマンド・アンド・コントロールと呼ばれる法規制の一方的な押し付けではなく、多種多様なステークホルダーが、どのような利害関心を抱いているか、理解する必要がある。彼らの利害関心を理解できれば、その利害関心に合致するように、エネルギー・環境技術の導入に向けた動機づけを検討することができる。逆に、利害関心が理解されていなければ、たとえば、補助金を導入しても利用されない、規制を導入しても強い反発を受けるなどの問題が起きる。

本章では、エネルギー・環境技術の導入と普及に関連するステークホルダーを把握した上で、導入と普及に向けて解決が必要となる課題の整理を試みる（松浦・城山・鈴木、二〇〇八）。

二．ステークホルダー分析

ステークホルダー分析は、特定の課題に関するステークホルダーの特定および類型化と、各ステークホルダーが有する利害関心を整理するための方法論である（Susskind and Thomas-Larmar, 1999）。分析の実施主体は「評価者」と呼ばれ、対象とする課題とは直接の利害関係が存在せず、ステークホルダーから見て不偏不党だと思われる第三者的人物あるいは組織がその役割を担う。

今回は、エネルギー・環境技術の導入・普及という時間、空間、対象者などの面でたいへん幅の広い社会問題を扱うために、以下の点に留意した（松浦・城山・鈴木、二〇〇八）。

第一に、本研究では各ステークホルダーの利害関心を直接把握するのではなく、行動を外部から規定している「環境要因」に着目した。その理由は、外部から環境要因を変化させることにより、エネルギー・環境技術に関係する大量かつ多様なステークホルダーに、技術の導入・普及を促すことができると考えられるためである。

第二に、エネルギー・環境技術の導入・普及では多種多様なステークホルダーが関与していることから、聞き取り調査の対象とすべきステークホルダーの数は膨大であり、聞き取り調査だけでは偏った情報収集となる危険がある。そこで、文献調査も前提として活用することとした。具体的には新聞記事、雑誌記事、政府報告書などの内容を分析し、記載されたステークホルダーに関する情報、技術の導入を促進、阻害していると報道されている情報などを整理することとした。

その上で、文献調査では得られない情報を収集するためにさまざまなステークホルダーを対象に、二〇〇七年三月から八月にかけて聞き取り調査を実施した。調査は、十分な記録を残すために複数名で行った。

調査で聞き取りした主な質問項目は以下の三点である。

○エネルギー・環境技術の開発方針（または規制方針）を検討する場合、どのような事項（外的・内的状況）について最も考慮しますか？

○それらの事項は、開発方針にどのような影響を与えていますか？　なぜどのようにしてそのような影響を与えていますか？

○どのような関係者（機関・組織・社内部署など）の動向が最も重要とお考えですか？

実際には、ほぼすべての聞き取り調査において、聞き取り対象者が自ら行っている技術開発や政策を披露し、その後、調査実施者が特定の技術を題材として、上記の質問を投げかけるやりとりが行われた。

聞き取りにご協力いただいた方々の情報は表1-1にまとめた。多くの組織で個人ではなく複数の方々にご対応いただいたが、これは今回のステークホルダー分析上、特に問題にはならなかった。むしろ、組織内でも異なる問題認識を持っている人々がいることを明らかにする上では適切であった。実際、組織内での潜在的な利害対立も聞き取り調査では把握された。

表1-1　聞き取り調査対象者

ご協力いただいた組織			19組織
	種別		
		民間企業	13社
		行政機関、財団法人等	6機関
	業界別		
		電機・プラント	7組織
		エネルギー	5組織
		都市・住宅	5組織
		自動車	2組織
		ご協力いただいた方々	53名
		聞き取り時間	43時間

三　ステークホルダー分析結果

(一) エネルギー・環境技術の定義

おもに文献調査の結果に基づき、エネルギー・環境技術を定義した。具体的には、一一七の技術を特定した（**図１－１**参照）。当初は導入セクター（転換、産業、運輸、民生）別にこれらの技術を整理していたが、「エネルギーの形」に着目した整理に再構成した。このような整理により、セクターごとの特徴にとらわれず、エネルギー・環境技術を総合的にとらえて環境要因を捕捉することに留意した。

今回の検討では、エネルギー・環境に関連する政策（たとえば排出権取引制度、社会的責任投資など）も、エネルギー・環境技術の一分類に「政策技術」を設け、補足的に整理した。メーカーなどにとって、政策は環境要因として機能することが多いため、政策を技術としてとらえることに疑問を感じる読者もいるだ

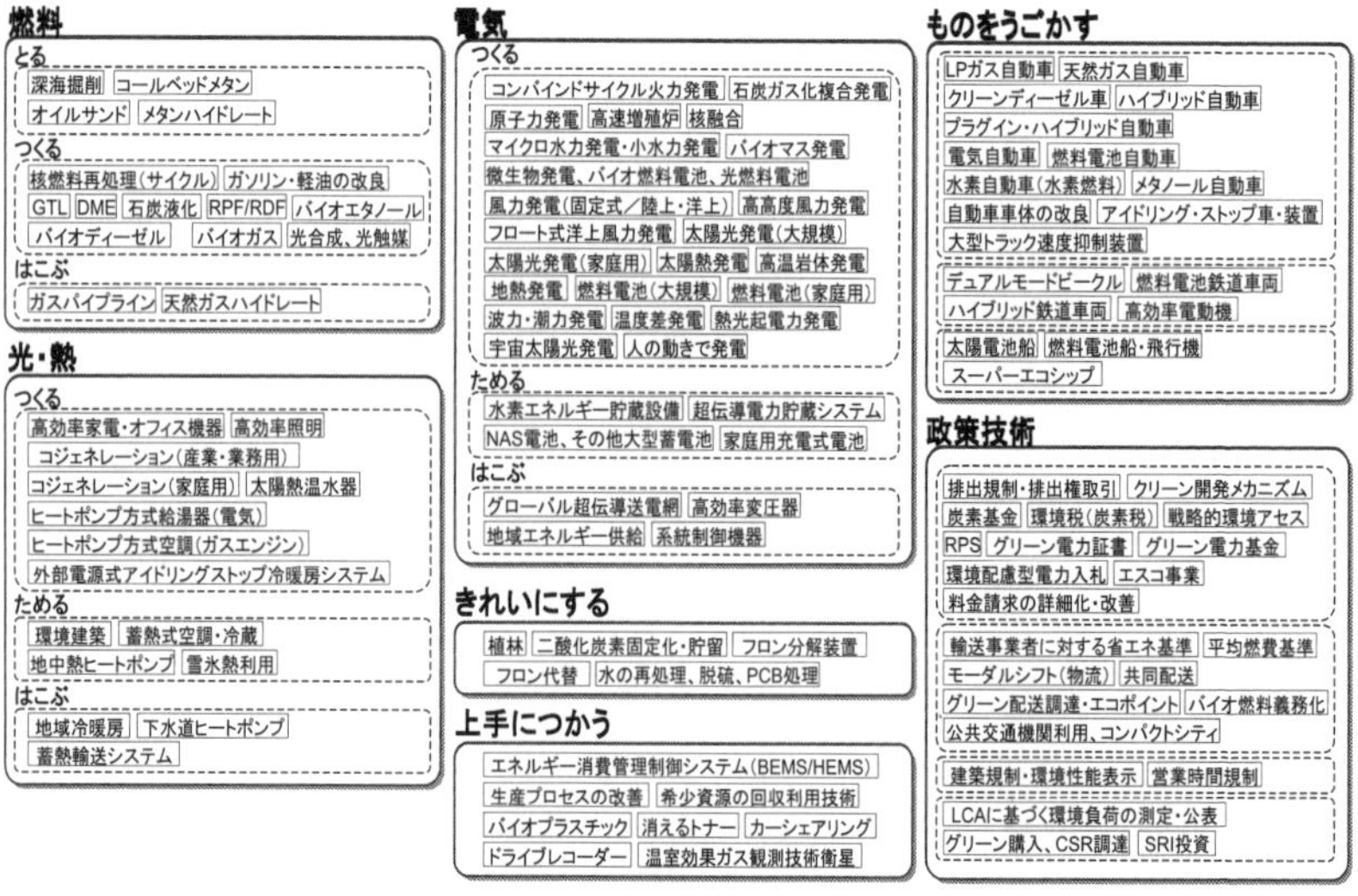

図1-1　ステークホルダー分析で特定されたエネルギー・環境技術

ろう。しかし逆に、行政機関の立場から見ると、政策こそがエネルギー・環境問題に対応する手段、つまり「技術」なのである。つまり、すでに述べた通り、政策は、あるステークホルダーにとっては技術であり、別のステークホルダーにとっては環境要因となりうる。このような、技術や環境要因の多義性を考慮するためにも、政策技術という考え方を導入することにした。

(二) 主要ステークホルダー・カテゴリー

一一七の技術を横断的に見て、特に多くの技術に関与しているステークホルダーのカテゴリーとして、以下の二一を抽出した。

・電力会社
・小規模・その他発電
・エネルギー企業（ガス）
・エネルギー企業（石油）
・プラント・重電メーカー
・電機・家電メーカー
・自動車メーカー
・運送業者
・公共交通機関
・都市開発事業者
・商社
・オフィス・事業所
・工場
・大学
・国の研究機関
・政府（資源管理）
・政府（産業振興・規制）
・ＮＥＤＯ
・政府（環境規制）
・自治体
・最終消費者（個人・世帯）

今回の整理の特徴の一つとして、「オフィス・事業所」と「工場」というカテゴリーを設けたことが挙げられる。たとえば、メーカーにおける省エネ対策を詳しく見てみると、オフィスビルにおける空調や照明などでの省エネが必要な企画・営業・販売部門と、工場における生産工程や機械設備などでの省エネが必要な生産部門では、それぞれが必要とするエネルギー・環境技術は異なる。また技術開発部門は、製品に導入するエネルギー・環境技術について関心があるだろう。よって一つの企業内でも部門によってその利害関心が異なり、必要としているエネルギー・環境技術も大きく異なることから、それぞれステークホルダー・カテゴリーとして掲げることとした。

これらのカテゴリーに含まれるステークホルダーが、エネルギー・環境技術の導入・普及に際して特に重要な役割を果たしうる、また影響を受けると考えられる。よって、エネルギー・環境技術の導入・普及について総合的な検討を行う場合には、特定のカテゴリーに偏らず、二一すべてのカテゴリーから代表者となりうる人物を特定し、意見を聞いたり対話に参加してもらったりする必要がある。より具体的に言えば、政府によるエネルギー・環境技術の導入・普及に関する検討において、これらのステークホルダーを代表する者を招いた検討会や、個別の意見聴取などが必要だと考えられる。

ただし、個別のエネルギー・環境技術について着目する場合には、上記二一のステークホルダー・カテゴリーすべてが重要であるわけではなく、他方、上で掲げていないステークホルダーの意向も重視する必要があるかもしれない。特定の技術についての検討を行う場合には、別途、合意形成を模索するべきステークホルダーを特定する必要がある。

(三) 環境要因

文献調査および聞き取り調査により特定された環境要因は、以下に示す九つの大分類に整理される。また、中分類までを含めた整理については、そのヒエラルキー構造を含めて図1-2に示す。

・消費者ニーズ　・企業経営　・技術の位置づけ
・組織マネジメント　・知識マネジメント　・海外の動向
・行政の取り組み　・法規制システム　・エネルギー・環境問題

エネルギー・環境技術の導入・普及においてこれらの環境要因がステークホルダーの行動、意思決定に複合的に影響を与えている。これらの環境要因は特定したすべての技術を俯瞰した上で共通項として抽出したものであり、技術によって各要因が与える影響には強弱があることはステークホルダー・カテゴリーの関与度の強弱と同じである。以下、個々の環境要因(大分類)について、聞き取り調査で得られたコメントを参照しつつ、中分類以下の詳細を具体的に見てみることとしよう。

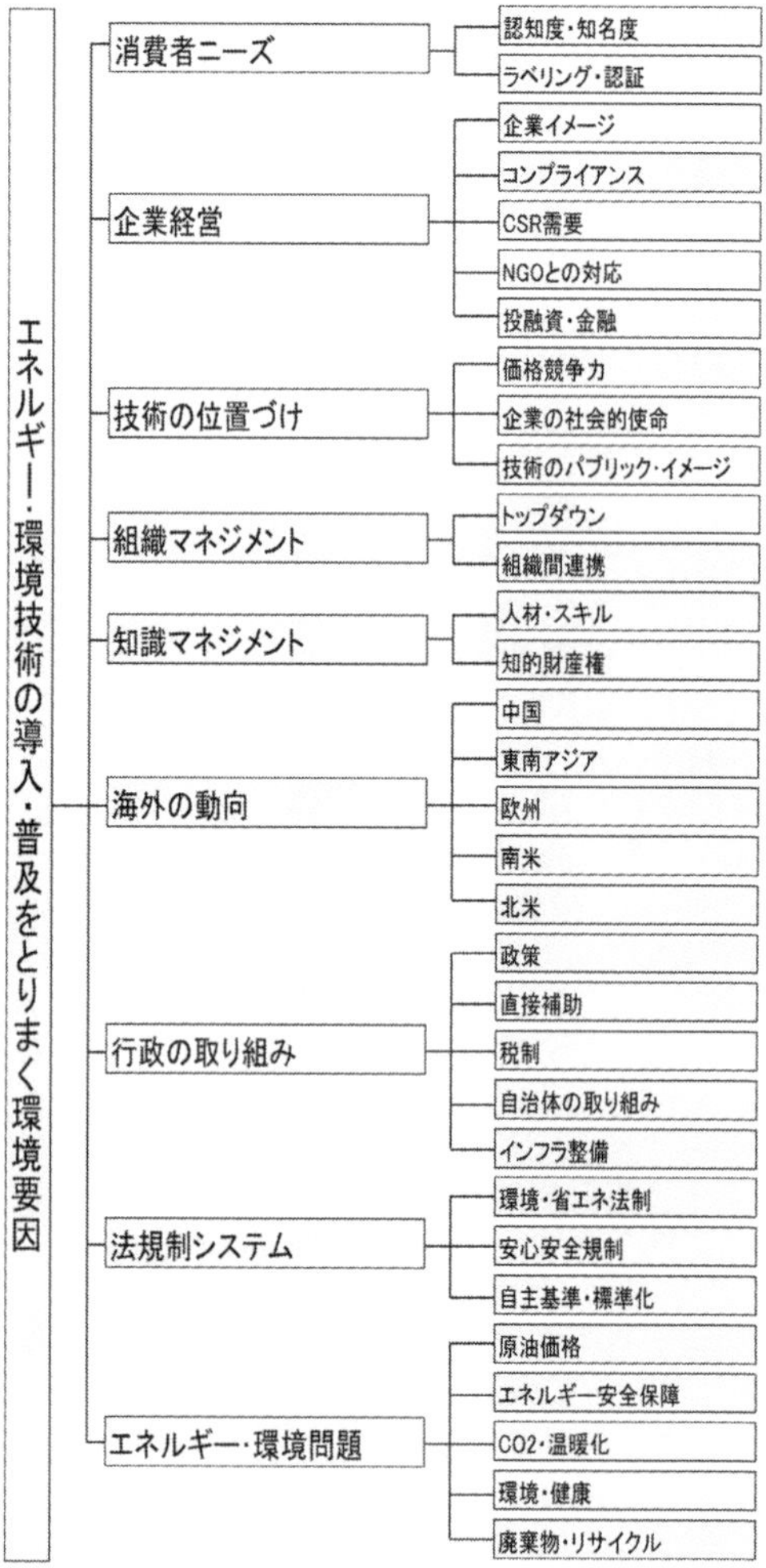

図1-2　エネルギー・環境技術の導入・普及の環境要因

消費者ニーズ

エネルギー・環境技術を必要とする消費者（最終消費者に限定されず事業者も含む）のニーズは、その導入・普及を図る上で、きわめて重要な関心事である。消費者ニーズには、技術そのものがもたらすメリット（「技術の位置づけ」として後述）に根ざしたニーズのほかに、技術そのものとは直接関係のない、外在的な要因によって惹起されるニーズも存在する。具体的には、①認知度・知名度と②ラベリング・認証という二つの環境要因（中分類）が存在する。

認知度・知名度は、導入しようとするエネルギー・環境技術がステークホルダー（技術者、消費者など）にどの程度知られているかであり、認知度・知名度が高ければ高いほど導入・普及が促進される。具体的には以下のようなコメントが寄せられている。

「消費者の教育が必要だが、単独では無理。」（エネルギー関係）

「いいと思っても広まらない。認知度・知名度が非常に重要。マーケットを持つ業界の大手が採用するかどうかが鍵。」（電機メーカー）

「認知度が低い。社内でも知らない人がいる。住宅メーカーなどとの連携がない。」（電機メーカー）

ラベリング・認証の有効性も聞き取り調査等において把握された。ラベリングなどの制度により、優れた技術が第三者により認められれば、消費者ニーズは高まり、導入・普及が促進されるという考え方である。

「行政は、エコラベルなど消費者が（ライフサイクルコストの低い製品を）買ってくれるような政策を導入すべき。」（電機メーカー）

「省エネ大賞は政府の役割だろうが、広報してくれているわけではない。」（電機メーカー）

このように、エネルギー・環境技術に対する消費者ニーズを高めるために、技術そのものを改善するほかにも、認知度・知名度やラベリング・認証といった手段を活用することで、導入・普及をさらに促進できる可能性が多分に残されている。

企業経営

技術そのものではなく、技術を生み出す環境である企業経営の在りようも、その導入・普及に影響を及ぼす。具体的には、①企業イメージ、②コンプライアンス、③ＣＳＲ需要（エネルギー・環境技術導入によるCSR向上効果）、④ＮＧＯとの対応、⑤投融資・金融といった環境要因が影響を与えている。

企業イメージについては、消費者が企業に対して抱くイメージを改善する目的で、エネルギー・環境技術が導入される可能性が把握された。たとえば、ある企業は、ある特定の環境技術を導入しなかったことに対する批判をある環境ＮＧＯから受けた際、そのＮＧＯの批判キャンペーンは製品の売り上げに直接響いたわけでないが、企業イメージが悪化することにより、当該企業が販売する製品全体に悪影響が及ぶことも懸念して、導入を決断したという事例がある（本文中に技術の名称を記載すると、企業名などが容易に推測でき、匿名を条件にご協力いただいた方々にご迷惑がかかる可能性があるため、以下曖昧な記述が続くことをお許しいただきたい）。

エネルギー・環境技術の開発においても、関連法規制等に対するコンプライアンスが重要である。これは、法規制などの存在だけでなく、企業等がそれらを遵守しようとする意識の強弱が、エネルギー・環境技術の導入・普及にも影響を与えうるということである。

第三に、エネルギー・環境技術は、企業のＣＳＲ活動の一環として、採算性を度外視してでも導入される可能性があることが指摘されている（本章では、技術に対するこのような需要をCSR需要と呼ぶ）。実際に、ある技術は、市場にはほとんど普及してはいないものの、技術開発を行った企業や関連企業が、CSRを目的として限定的に導入している事例が見られる。

NGOとの対応も、エネルギー・環境技術の導入に影響を与える可能性がある。これは、NGOがステークホルダーとして重要な役割を果たしうるという意味だけでなく、企業がNGOをどの程度重視するかによって、NGOによる技術導入に対する圧力が、実際の技術導入に与える影響が変化する、ということを意味している。

最後に、投融資や金融も技術の導入・普及に影響を及ぼしうる。これらがもたらす影響は、企業の経営規模によって異なる。ベンチャー企業のような小規模事業者では、技術開発に対する融資が革新的技術の開発とその後の導入・普及に大きな影響を及ぼしうる。大企業であったとしても、社会的責任投資（Socially Responsible Investment）に関心がある投資家も増えているため、株主対策としてエネルギー・環境技術の導入・普及を積極的に進めざるを得ないことも、企業関係者から指摘されている。

技術の位置づけ

それぞれのエネルギー・環境技術は独立して存在するだけではなく、ステークホルダーや他の技術との関係性においてその位置づけが定義されうる。具体的には、①価格競争力（生産コスト）、②企業の社会的使命としての位置づけ（価格競争力などと関係なく社会において企業が果たすべき役割としてその導入・普及に意味が見出されている技術）、③技術のパブリックイメージの三点である。

各技術の価格競争力は導入・普及を図る上で、重要な意味を持っている。この環境要因は、後述する「補助金」などにより、実質的な価格を低減することにも関連している。また、価格についても、ライフサイクルコストを考慮すると、イニシャルコストとランニングコストという二つの視点から検討しなければならないが、実際の意思決定では、イニシャルコストに焦点が当たりすぎる問題がある。特に、一般消費者が導入の意思決定を握っているエネルギー・環境技術（たとえば省エネ家電、省エネ住宅など）についてその傾向が強いようである。たとえば以下のようなコメントが寄せられている。

「コスト競争力がないと使ってもらえない。技術だけの問題ではなく政策的な課題。」（電機メーカー）

「省エネの住宅設備はイニシャルコストが高いと売れない。ランニングコストが安くてもイニシャルコストのほうが影響大。」（都市住宅関係）

他にも、特定のエネルギー・環境技術の導入・普及を、企業の社会的使命であると見なしている企業も見られた。

「『○○○○企業』としての地位があり、社長がコミットメントを見せている。外資系は純粋に利益を追求しているようだが。」（某企業）

「CO_2削減について、役員には将来重要になることを説明している。メーカーとしては技術を出していくという使命がある。」（電機メーカー）

つまり、たとえ現状では価格競争力が比較的低いエネルギー・環境技術であっても、社会的使命を果たすことを理由に、企業がその導入・普及を進めようとする可能性がある。また、そのような方針は、企業トップによるトップダウンで決定される傾向が強いようだ。

最後に、技術のパブリックイメージも影響を与える。消費者が特定のエネルギー・環境技術について抱いているイメージが、その導入・普及の速度に影響を与えうる。具体的には、ディーゼル車や太陽光温水器に対するイメージが（その性能とは無関係に）よくないという情報が得られている。そのようなイメージは、企業による技術開発や生産設備への投資に関する意思決定を躊躇させることもなる。

「ディーゼル車に対するイメージが悪い。生産しても売れないのではないかという不安がメーカーにある。」（エネルギー関係）

ここで、今回の分析では、企業のイメージと、技術のイメージを区別している点に注意されたい。ステークホルダーは、企業と技術それぞれにイメージを付与し、それのイメージのよしあしが複合的に作用し、結果として特定の技術の導入・普及に影響を与える。

組織マネジメント

エネルギー・環境技術の導入・普及を図ろうとする組織（官民を問わない）が、意思決定や利害調整を図る際に用いる方法論も、技術の導入・普及に影響を与える。その方法論とは、①トップダウンと②組織間連携である。

トップダウンによる組織マネジメントは、エネルギー・環境技術の導入・普及に欠かすことはできない。

特に、将来の方針について一定の道筋が示されることで、ステークホルダーは、技術開発や生産設備に、安心して投資できるというメリットがある。企業の場合は経営者、政府の場合は首相などがこのような方針を示すことができるし、また必要に応じて、適切に示すことが組織のトップに期待される。

「以前から経営層の関心が大きい。最初の道筋はトップダウンでつける。大きな舵取りが必要。」（電機メーカー）

「燃料電池自動車は小泉首相主導の官邸トップダウン。」（エネルギー企業）

しかし、トップダウンにもデメリットがある。ステークホルダーの意向を十分考慮した形で方針が決定されなかったり、トップダウンにより、将来の状況に合わせて柔軟な解釈ができない方針が示されたりした場合には、トップダウンによって示された方針が、本当に必要とされるエネルギー・環境技術の導入・普及に悪影響を与えてしまう可能性がある。たとえば「日本では単一技術に決め打ちしすぎ。審議会や委員会のトップの先生が決めてしまう」というコメントも寄せられている。

次に、組織間連携を通じた意思決定や利害調整も重要な役割を果たす。連携では、複数のステークホルダーがほぼ対等な立場から、お互いの利害関心を満足させられるような協力関係や対策が検討される。実際には、そのような連携が必要であるにもかかわらず、連携が実現していない、という問題点が多く指摘されている。ここで、複数のステークホルダーによる連携は、業界間、省庁間、会社間、部署間など、多様な場面に存在する点を指摘しておきたい。具体的には以下のような連携不足や連携に関連する問題が指摘されている。

業界間「経済産業省以外の付き合いが薄い。（ある技術は、国土交通省に関連する）照明、エレベータ、コンプレッサなど、適用分野はあるのだが。」（電機メーカー）

部署間「事業所によってムラがある。厳しすぎる目標を与えるとやる気が損なわれる。」（電機メーカー）

会社間「A社、B社、C社は連携しない。各社主導権をとりたがるし、A社の意向でシナリオが変わってしまう。」（電機メーカー）

「産業界は一枚岩ではない。経済団体が反対していても、各社見ていくとそれぞれ考え方が違う。」（都市・住宅関係）

省庁間「省庁間連携が重要だが、損をしないのにどの省庁も静観。まとめられるかどうか不安で引いてしまう。」（エネルギー関係）

知識マネジメント

組織が抱える知識の管理に関する方針もエネルギー・環境技術の導入・普及に影響を与える。具体的には、①人材・スキルと②知的財産権の二つである。

聞き取り調査では特に、知識やスキルの担い手として「人材」が重視されていた。有能な人材がいなければ、企業はエネルギー・環境技術の導入・普及を行うことは困難であり、団塊世代の大量退職問題などを契機に、この環境要因が特に重視されている。

「技術開発には『いつまで人材を維持するのか』、という時間の問題も関係する。」（電機メーカー）

「コンスタントに安定的な需要があることが理想で、変動が人員管理上困る。」（電機メーカー）

企業だけでなく、大学の人材も技術の普及・導入に影響を与えうるが、競争的資金の導入などにより大学における研究テーマの多様性が低下しており、企業としては、自ら不足している知識を大学から得たくても、研究自体が行われていないことが最近はあるという問題も指摘されている。

「大学が技術伝承の受け皿となってくれればよいのだが、逆に多様性が低下している。」（電機メーカー）

知的財産権についての取り扱いも、技術の導入・普及に影響を与えうる。これは組織マネジメントとも関係するが、技術開発投資から得られる利益を確保するために、知的財産権を保全する利害関心が企業に存在することが明らかになった。

「コアの技術は自社開発でいくという判断を、以前したことがある。業界共通の技術を共同開発するのであればよい。」（電機メーカー）

「ライセンス料収入が、職員の給与に反映される仕組みを導入した。」（電機メーカー）

海外の動向

文献調査では、海外におけるさまざまな動向（たとえば環境政策、技術開発、人口動態など）が、エネルギー・環境技術のグローバルな導入・普及にも影響を与えていることが明らかになった。たとえば、ドイツ連邦政府が、強力な太陽光発電推進政策を打ち出したことで、世界中の企業による太陽電池の技術開発競争、設備投資、M&Aが促進された。

ここで、中分類としては①中国、②東南アジア、③欧州、④北米・南米と設定したが、聞き取り調査では中国に関するコメントが圧倒的に多かった。そこで①については、（ア）日本政府によるはたらきかけの欠如、（イ）法規制とコンプライアンス、（ウ）商慣行・文化・地域特性の三つを小分類として設定した。具体的には以下のコメントが中国に関して挙げられている。

日本政府によるはたらきかけの欠如

「中国ビジネスはアメリカ経由でないと売り込み困難。日本政府が動かない。米国政府は直接的売り込み。」（電機メーカー）

法規制とコンプライアンス

「規制の強制力が弱い。中央政府が宣伝していても地方政府、現地企業は意識がない。」（電機メーカー）

「法改正に事前の相談がなく突然規制がかかる。法体系が整理されていない。立法の仕組みがわかりにくい。」（電機メーカー）

商慣行・文化・地域特性

「数年先まで投資しようという意識がない。」（電機メーカー）

「エネルギー安全保障、中東からの海運のリスクから、国産エネルギーの重要性が高い。」（エネルギー関係）

行政の取り組み

行政による取り組みも、エネルギー・環境技術の導入・普及に一定の役割を果たしている。具体的には、①政策、②直接補助、③税制、④自治体の取り組み、⑤インフラ整備の五つの中分類で整理される。

政策は、ステークホルダーによるエネルギー・環境技術の導入・普及に関する意思決定に対して、②の補助金や③の税制を変えることで直接的に影響を与えることができる。また、組織マネジメントの項で述べた通り、多様なステークホルダーに対して、コミットメントを示す（不確実性を減らす）という役割もある。しかしまた、政策には「おすみつき」効果が存在することが今回のステークホルダー分析により明らかになった。特定の技術が政策のなかで位置づけられることで、政府がその技術を何らかの形で認めている、という意味が与えられる。性能保証などではなくとも、単に政策に位置づけられるということが、その技術に対する信頼感を増すようで、その効果が「おすみつき」なのである。そうして「おすみつき」が付与されることで、「技術の位置づけ」が変化し、当該技術の導入・普及が促進される。たとえば、自動車のグリーン税制（環境に比較的やさしい自家用車の取得税などの軽減）は、消費者にとって実質的に値引きになるというメリットだけでなく、該当車種が国の「おすみつき」を受けた商品として消費者イメージ向上につながっていることが、ある自動車関係のステークホルダーからの聞き取り調査で指摘された。

補助金については、さまざまなエネルギー・環境技術の技術開発や導入・普及を目的に利用されている。導入・普及について言えば、最終消費者に対する購入補助が有効ではあろうが、補助金の対象が一部の個人・世帯であること、年度予算の査定が難しいことなどへの懸念などから、財務省と各省庁間の調整は難しく、限定的に行われている。

「導入普及支援への補助が有用だが支援が薄い。」

「地味な省エネ技術は国も乗ってこない」。

「国設定の人件費の単価が非常に安い。」（以上、電機メーカー）

導入・普及における支援として、税制を改正する方法も考えられ、実際に「自動車税制のグリーン化」などが実施されている。税の軽減のメリットは次のコメントに表されている。

「税には予算制約がない。対象は広く浅いものに向いている。」（自動車関係）

また米国では、エネルギー・環境技術の導入に要した費用の一部を所得控除、税の直接控除として認める政策がしばしば用いられている。

エネルギー・環境技術については、自治体での取り組み、特に実験的な取り組みが導入・普及の面で大きな役割を果たしている。特に、バイオ燃料やバイオマスの活用については、全国各地で補助金などを活用しつつも、自治体主導でさまざまな動きが見られる。事業だけでなく、規制という面でも自治体が役割を果たすこともあり、特に建築部門では、以下のようなコメントが寄せられている。

「○○市では、マンションの環境性能評価結果を広告に掲載することを義務づけている。」（都市・住宅関係）

最後に、エネルギー・環境技術の導入・普及に必要となるインフラの整備は、政府の重要な役割となりうる。特に、燃料電池を応用したエネルギー・環境技術については、水素を供給するインフラ整備が重要な環境要因となっている。

法規制システム

技術に関する法規制および関連する民間基準も、その導入・普及に影響を与える。具体的には①環境・省エネ規制、②安全規制、③自主基準・標準化の三つの中分類を設定した。

環境・省エネ規制については、特にトップランナー方式の導入について、その影響の大きさが指摘されていた。ただし、トップランナー方式の存在そのものだけでなく、コンプライアンスを達成しないことによる企業イメージの低下など、他の環境要因が複合的に影響して、技術の導入・普及を後押ししていることも、聞き取り調査では明らかになっている。

「トップランナーで環境技術の導入が二年くらい前倒し。」

「環境対策は割と昔から努力はしている。省エネ法が理由ではない。」

「CO_2排出規制を導入するなら、最初から規制してもらったほうが、社長に説明しやすい。」（以上電機メーカー）

逆に、安全規制がエネルギー・環境技術の導入・普及を踏みとどまらせることもある。特に、新規性の高い技術については、その技術に関する法規制の体系が明確でないことから、導入時に、試行錯誤で法規制との適合を確認していかなければならないという課題がある。

「規制緩和が必要だった。消防法の裁量が大きく、地域によって規制が違う。地方分権も影響か。」(エネルギー企業)

「どの物質がどの程度危険かということが不明確なまま規制するような、曖昧な規制では困る。」(電機メーカー)

最後に、自主基準・標準化に向けた取り組みも、エネルギー・環境技術の導入・普及に一定の影響を与えている。

「半導体業界には、PFCの排出を削減する自主規制が存在することも、影響している。」(電機メーカー)。

エネルギー・環境問題

エネルギー・環境技術は、それらが対応しようとするエネルギー・環境問題が存在してこそ、導入の意義がある。環境要因として存在するエネルギー・環境問題としては、①原油価格、②エネルギー安全保障、③CO_2・温暖化、④環境・健康(生活環境)、⑤廃棄物・リサイクルの五つに大別できる。これらの問題については、マスメディアなどで大きく報じられるところであり、ここで詳しく説明する必要はないだろう。

エネルギー・環境技術について語られる際、原油価格の高騰や地球温暖化など目に見えやすいエネルギー・環境問題が注目され、これらが技術導入・普及における唯一の環境要因であるかのようにとらえられがちである。しかし、今回のステークホルダー分析は、それらの問題を解決するための技術の導入・普及には、エネルギー・環境問題以外にも多様かつ多数の環境要因も大きな影響を与えていることを明らかにしている。

四．分析結果の考察

（一）環境要因、ステークホルダーの多様性

今回のステークホルダー分析では、エネルギー・環境技術の導入・普及にあたって検討しなければならない数多くの環境要因（九つの大分類、二七の中分類）が特定された。エネルギー・環境技術に関する政策手段および研究（たとえば環境政策、イノベーション研究など）はある特定の環境要因（たとえば環境税、組織形態など）に焦点を当てたものであることが一般的である。しかし、エネルギー・環境技術を実際に導入するかどうかを判断する意思決定の現場では、多数の環境要因が複合的に影響を与えている。

たとえば、いわゆる環境税（炭素税）の導入により、CO_2排出の多い石炭の利用を抑制できる技術導入・普及が進むと期待されるかもしれないが、原油や天然ガス価格の高騰が、環境税導入以上の経済効果を持ち、結果として、石炭の利用抑制につながる技術の導入・普及が進まない可能性がある。また、トップランナー規制は家電製品の効率改善を促進するだろうが、商品やメーカーのイメージが悪かったり、イニシャルコストが高すぎたりして、一般の消費者が購入しないのであれば、メーカーはそのような高

効率家電の導入・普及に取り組まないだろう。つまり、ある特定の環境要因の修正は、技術導入・普及の必要条件ではあるが、十分条件であるとは限らない。

今回把握された多数の環境要因についてその特性を横断的に検討すると、「三つの多様性」が浮き彫りになる。第一に課題規模の多様性が挙げられる。環境要因は個人レベルの問題（たとえば消費者ニーズ）から世界規模の問題（たとえばCO_2・温暖化）まで幅広いレベルで存在している。また、エネルギー安全保障やリスクなど、他の要因とのトレードオフも見られる。第二に時間軸の多様性である。技術の価格競争力や税制、近年では原油価格といった短期的に変動する環境要因もあれば、企業の社会的使命や人材・スキルなど長期的に変動する環境要因も存在する。市場の競争条件により、短期（〜五年）で経営意思決定をしなければならない企業や、長期（〜一〇〇年）のビジョンを重視する企業もいる。よってそれぞれの環境要因が見渡す時間軸にも多様性がある。このように、空間と時間の両側面で多様性が見出された。

環境要因が多様であるということは、同時に多様なステークホルダーが関係しているということでもある。実際に二一種類のステークホルダー・カテゴリーが特定された。これはエネルギー・環境技術の導入・普及におけるステークホルダーの多様性を意味しており、導入・普及の難しさを示唆している。多様なステークホルダーが存在するのだから、少数のステークホルダーがすべての環境要因を操作できるわけではなく、多様なステークホルダーによる合意形成が行われなければ多様な環境要因を変化させて技術導入・普及を促進することは難しい。

（二）セクターを越えた共通課題の存在

環境要因やステークホルダーの多様性は、エネルギー・環境技術に関する議論が焦点のない発散したものとなる危険をはらんでいるが、逆に今回のステークホルダー分析により、従来はセクターごとに別々に議論されていた課題も実は集約して議論することができることが明らかになった。具体的には、①組織間連携不足の問題（いわゆる「たてわり」）、②政府支援のあり方（優遇税制か補助金か、研究助成か導入補助か）、③人材・スキルの課題（たとえば団塊世代の大量退職に伴う技術継承問題）などがセクターを越えて共通する課題である。これらの環境要因については、議論の場を集約化して、官・民や建築・家電・鉄鋼などといったセクターの線引きを越えた対策の検討を行うことが有効だと考えられる。

五．「認識情報資源」の存在

ステークホルダー分析の結果、利益最大化やコンプライアンスといった動機づけ以外にも、エネルギー・環境技術を導入する動機が存在しうることが明らかになった。具体的には技術のパブリックイメージ、企業イメージ、企業の社会的使命としての位置づけ、政策による「おすみつき」などが、技術導入・普及の環境要因となっている。これらは消費者や経営者の認識に大きく依存する環境要因であり、今回のステークホルダー分析では「認識情報資源」と呼ぶこととした。その大きな特徴として、認識情報資源は経済や科学技術の観点から見た「合理性」とは切り離されて存在している点にある。たとえば太陽熱温水器は効率がよく、長年の経験の蓄積により本来は導入リスクの低い技術であるにもかかわらず、一時期、その販売手法や施工ミスによる事故が「社会問題」となったことから、普及が行き詰っている。技術者の観点から見ると、このような現象は消費者などが技術を「誤解」していることが原因だととらえるかもしれないが、より客観的な立場から見ると、消費者が「認識情報資源」に基づいて、導入するか、しないかを判断しているにすぎない。よって、「誤解を解くため」の一方的なＰＲや情報提供では不十分で、むしろ多様なステークホルダーが関与した対話などの相互作用を通じ、間主体的に共有されている「認識情報資源」を、（一部の利益集団ではなく）すべてのステークホルダーにとって本当に有益なものへと変化させていくことが、エネルギー・環境技術の導入・普及に向けた重要な課題だと考えられる。

参考文献

松浦正浩・城山英明・鈴木達治郎（二〇〇八）「ステークホルダー分析手法を用いたエネルギー・環境技術の導入普及の環境要因の構造化」『社会技術研究論文集』第五巻、一二～二三頁。

Stern, N. (2007) *The Economics of Climate Change: The Stern Review*, Cambridge, Cambridge University Press.

Susskind, L. and Thomas-Larmar, J. (1999) “Conducting a Conflict Assessment,” In Susskind, L., McKearnan, S., and Thomas-Larmer, J. (eds.) *The Consensus Building Handbook: A Comprehensive Guide to Reaching Agreement*, Thousand Oaks, CA: Sage, pp. 99-136.

第二章　シナリオ・プランニング

――不確実性への対応

木下理英・角和昌浩

一．不確実な未来

私たちは激変する世界に生きている。二〇〇八年、秋。米国のサブプライムローン問題に端を発した金融危機が勃発し、全世界の景気を減速させるほどになろうとは、一年前の二〇〇七年秋には考えられなかったに違いない。同時期に起こった石油価格の高騰とその後の急落も、意表をつくものであった。二〇〇一年九月一一日に米国同時多発テロが起きたとき、世界は震撼しただろう。未来を予測することはきわめて難しい。

しかし、そんな先の見えない未来を前にして、私たちは意思決定をしてゆかなければならない。中国に新工場を設立すべきか否か。競合他社A社を買収すべきか否か。隣国のB国とFTAを結ぶべきか否か。はたまた、マイホームを購入すべきか否か。政府や企業そして個人が行う重要な意思決定の多くは、未来の動向に大きく左右されるのである。

意思決定を行うには、私たちは未来がどうなるかについて、より深く洞察する必要がある。そうした考えから生まれたのが「シナリオ・プランニング」というアプローチだ。

二．シナリオ・プランニングの歴史と活用例

シナリオ・プランニング手法は、第二次大戦中にアメリカ軍の作戦演習から始まった。その後、この手法を組織学習の方法として確立したのはロイヤル・ダッチ・シェル社であった。シェルは、一九七〇年代初頭に、石油価格に関するシナリオ・プランニングを試みている。当時シェルによって作られたシナリオ（キース・ヴァン・デル・ハイデン、一九九八）を紹介したい。

その時、シェルが社内および社外の専門家を動員して行ったデルファイ法による予測作業は、「未来の原油価格は一バレル当たり二ドル以上」という数字しか導き出すことができなかったのだ、という。そこでシェルのシナリオ・チームは、石油価格に大きな影響を与える需要と供給について、何が不確定な要素で、何が確定要素なのかを改めて考えてみた。そして、それまで確定要素だと考えられていた原油の供給構造の背後に着目し、埋蔵量をコントロールし産出量を決定する人々、すなわち産油国政府の今後の出方は十分に不確定な要素である、と気づいたのだ。チームは、ある未来のストーリーを作り、

その意味を経営陣に問いかけてみた。このシナリオ作品は後に「石油危機シナリオ」として知られるが、そこには、産油国は意味なく生産を増やし続けることを拒否するだろう、と書かれていた。

そして一九七三年秋、石油危機が現実に起きた。わずか二か月余りの間に原油価格が四倍に値上がりしたのだ。この時シェルは、石油危機シナリオが現実のものになりつつある、といち早く解釈し、いくつかの重大な戦略的意思決定を行った。石油危機を乗り切った後シェルは競合他社を引き離し、国際石油会社のなかでトップクラスに躍進したのである。シェルはこうしてシナリオ・プランニングという企業戦略検討手法を確立し、現在も活用している。そして、シェルの成功が知られるようになるにつれて、さまざまな企業や政府がこの手法の活用を始めている。

フランスの電力企業ＥｄＦや米国の電力企業 Pacific Gas & Electric、新日本石油をはじめとしてエネルギー業界の企業は、この手法を積極的に活用している。そのほか国内外の自動車メーカーが共同で未来のモビリティのあり方についてシナリオ・プランニングを試みた例や、製薬業界、マスメディア、電機業界、食品業界など、今ではあらゆる業界でこの手法が使われている。

一方、各国政府においてもこの手法は活用されている。米国では、国家安全保障委員会(通称、ハート・ラドマン委員会)が九・一一の直前に、今後二五年間の米国に対する脅威を描き出したシナリオを作成した(The United States Commission on National Security/ 21st Century, 1999)。英国政府は、フォーサイト・プログラムという未来シナリオの作成を継続的に行い、長期的な政策意思決定のための助けとしている。ＯＥＣＤの国際エネルギー機関(ＩＥＡ)も未来のエネルギーに関するシナリオを作成する(OEC/IEA, 2003)、などなど、複数の未来像を描き出した上で、これを政策決定に役立てようという動きは、海外で活発だ。

しかしながら、振り返って日本では、行政府によるこの手法の活用は遅れていると言わざるを得ない。その理由は、未来は不確実であるとして、複数の未来の可能性があることを受け入れる、という考え方そのものが、従来の行政府の政策決定メカニズムと調和せず、受け入れにくいことによるのではないかと考えられる。

三．シナリオ・プランニングとは

シナリオ・プランニングとは、先の見えない未来に対して、今、ここで、意思決定を行うことをサポートしてくれるための思考プロセスである。

この手法は通常の「予測」とは、基本的な性格において異なったものである。予測は、基本的には過去の延長線上に未来があるという仮定に基づいている。たとえば、さまざまな変数による影響を考慮したシミュレーションモデルを開発するとき、代入される変数は変化するが、変数が与える影響、すなわち基本構造自体は安定しているという仮定の上に成り立っている。したがって、そもそも基本構造が変化しているときには、役立たないのだ。シナリオ・プランニングは未来を予測するのではない。未来には本質的に不確実性がある、つまり予測不可能なことがあることを十分認識した上で、未来の姿の複数の可能性を考えるものだ。

この手法は、まず、予測可能なことと不確実なことを区別するための調査分析作業から始まる。意思決定を行おうとする主体にとって、取り巻く環境のうち、何が本当に重要な不確定要素なのかを明らかにし、それを軸にシナリオ・ストーリーを組み立て、いくつかの未来像を描き出すのである。

ただし、複数の未来を描き出すことは、複数推計をすることや、確率論的な未来予測をすることとは異なる。これは、フランク・ナイトの言う「計算できる、確率分布のわかる不確実性」を取り扱っているのだ。たとえば、人口推計においては、上位推計、中位推計、下位推計という三つのケースが紹介されているが、この推計は、なぜ上位推計の状況が出現しうるのかについて何も語っていない。ここで、各ケースに確率を与えて最終的に期待値をはじきだす作業は、結局は一つの予測を行っていることと同じなのである。

未来の姿を語らんとするために用意した基本構造自体に、複数の異なる構造が成立する可能性が、同等に、ありうる、これがシナリオ・プランニングという手法が探究しようとしているところだ。

四．シナリオ・プランニングのメリット

この手法には、以下のようなメリットがある。

第一に、私たちは、シナリオ・プランニングを通じて自分を取り巻いている環境を、よりよく理解することができるようになる。未来について確実なことと不確実なこととを区別するためには、何が環境

を動かしているのかについて知らなければならない。石油価格レベルを規定しているのはどんな要因だろうか。需要と供給を動かしているのは何か。そのなかで何が不確実な要因なのだろうか？　私たちはさまざまな要因が環境を支えている「構造」を理解する必要がある。

第二に、変化への認識力と適応力を高めることができる。この手法を体験した人から「新聞を読む目が変わりました」と言われることが多い。これは、シナリオ・プランニングによって、私たちを取り巻く環境や未来に対して深い洞察力を身につけることができ、現実に起きるさまざまな事象を、より大きなトレンドやパターンの一つとして認識し、起こったことの意味を理解することができるようになるからである。新聞に書かれた出来事から、私たちは未来からのシグナルを読み取ることができる。より早く変化を感じ取ることができれば、行動も早くなる。したがって、こうした認識力の向上は、意思決定主体が変化に合わせて迅速に対応することを助ける。

第三に、最も大事なことであるが、この手法は未来の不確実性と不可知性を意思決定者に覚悟させる。シナリオ作品のなかで描かれたシナリオ・ストーリーは必ずしもそのとおり実現しないかもしれない。が、大事なのは、そのストーリーが突きつけている不確実性の存在なのだ。シナリオ・プランニングを体験して、これまでの自社の経営戦略が、暗黙のうちに特定の未来像を前提としていたことに、初めて気づく人は多い。前提としていた未来とは異なる未来が出現する可能性があることを認識し、はっとするのである。

五．シナリオ・プランニングのプロセス

シナリオ・プランニングのプロセスは、現実に起きている事象がどういう意味を持つのか、背後で何が起きているのかを理解することが出発点となる。現実の事象の背後に隠されている「構造」を明らかにしていく。

たとえば、若者の自動車購入率が低下しているという事実は何を意味しているのだろうか。どのような要素が影響し合っているのだろうか。何らかの一貫したトレンドの一部なのか。若者の自動車に対する憧れが減ったのか。それはなぜなのか。自動車を保有するコストが増えたのか。今後もこの傾向は続くのか……。それぞれの事象の根底にある、要素間の因果関係を考え、全体を結びつける構造を築き上げていく。因果関係の構造がいくつも考えられるような不確実な要素が、きっと、存在するだろう。シ

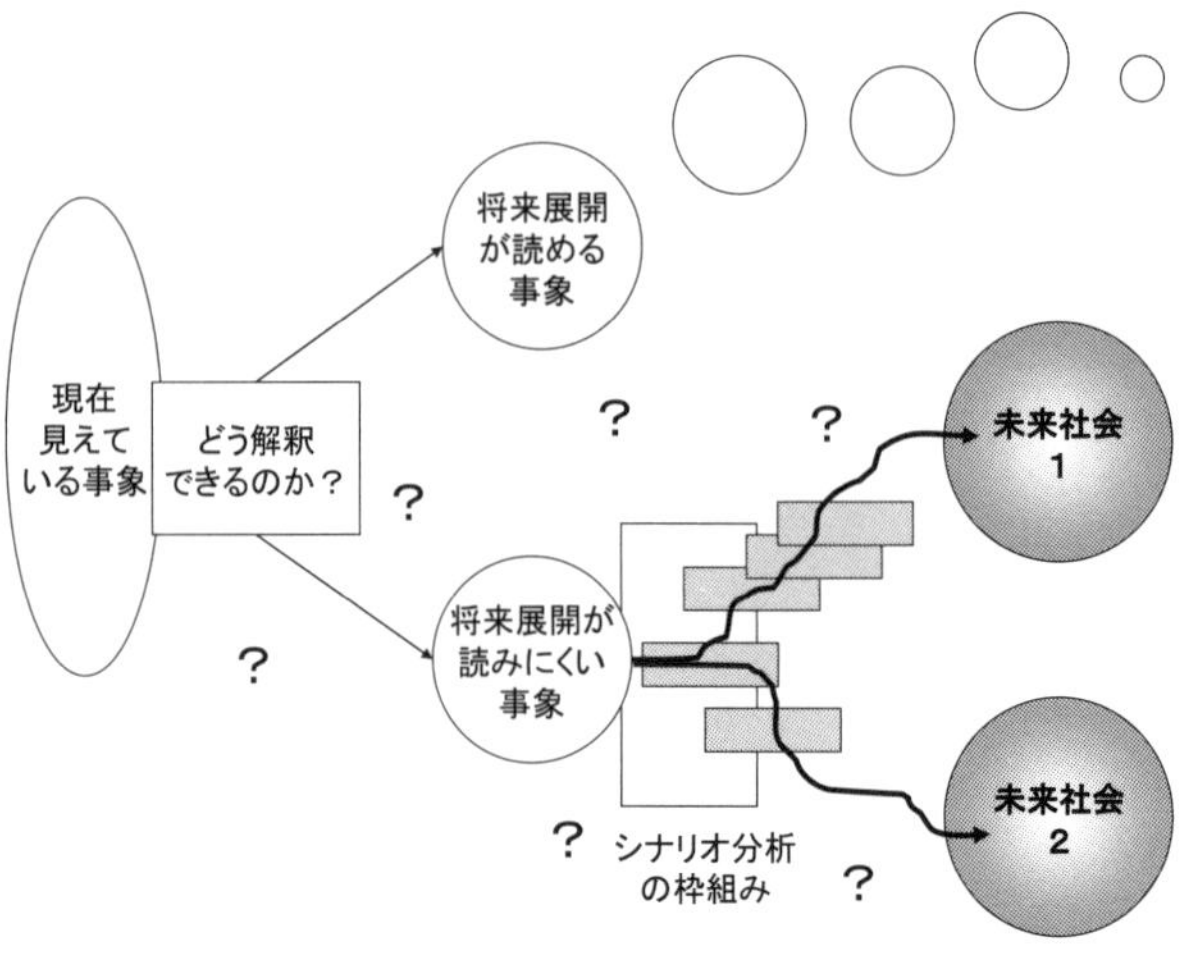

図2-1

ナリオ・プランニングでは、そんな重要な不確実性要素に着目して、どのような因果関係の構造をとりうるのかに応じて、複数のシナリオ・ストーリーを創りあげる。

つまり、私たちを取り巻く環境のなかにきわめて重要な不確実性があり、複数の構造が考えられるとき、その不確実性に応じてまったく異なる未来が現出する可能性があるのだ。シナリオ作品は、複数の未来像を、同時に提案してくる。各シナリオは、それぞれが構造的に異なった、しかし各シナリオ・ストーリーの内部では論理一貫している世界として語られる。

六．シナリオ作品の類型とそれぞれの用途

さまざまなシナリオ作品の類型について簡単に紹介したい。以下の説明は、読者がこれから本書のなかで出会う多様なシナリオ作品の特徴を理解するための準備、と考えていただきたい。

(一) 意思決定シナリオとコンセンサスシナリオ

今までの説明で明らかなように、シナリオ・プランニングを行うきっかけは、通常、そこに、自分を取り巻く未来環境のなかに潜む不確実性と真剣に向き合いたいと欲しているクライアントが存在するからである。クライアントとはたとえば企業組織であり、権限と権能を備えた政府その他の公的組織である。彼らは、何らかの意思決定を行おうとする際、その意思決定を取り巻く未来環境の不確実性を、明

示的に認識したい。シナリオ作品はその目的にうってつけなのだ。クライアント側の意思決定内容が限定されていればいるほど、シナリオ作品はフォーカスを絞ったものとなる。

しかしながらそうした利用の他に、意思決定を前提とせず、特定のテーマをめぐって――たとえば、「二〇二〇年の日本の姿」――、より広い範囲の関係者を巻き込んでシナリオを作成することがある。いわば、コンセンサス形成のためのシナリオ・プランニングである。このケースでは、シナリオ作成作業に参加する関係者たちが、テーマに関連した多様な情報やクライテリアを持ち込んでくる。価値判断や好悪の情も、それを分析的・明示的に語ることで、それが未来を形成してゆく動因の一つとして、認識される。こうして参加者たちは未来像を共有してゆくのだ。

(二) 規範的シナリオと探索的シナリオ

シナリオ作品には規範的シナリオと探索的シナリオという、二つの違った仕上げ方がある（詳細については、角和（二〇〇五―六）を参照されたい。）。いずれのシナリオであっても、未来が不確実であることをクライアントに確信してもらうよう作成する、という点では変わらない。ただし、規範的シナリオでは、クライアント＝意思決定者にとって「より好都合な」未来世界のありさまを想像して、それが実現する条件と、実現が阻まれる条件とを検討しながらシナリオ作品が書かれる。シナリオ・ストーリーは、特定の一つの未来像が他と比べてクライアントにとって望ましい未来像であることがわかるように書いてゆく。さらに、クライアントはその未来像の実現を目指すべく意思決定すべきである、というメッセージが書き込まれる場合もある。

一方、探索的シナリオは、長期的な未来の変化に対して意思決定者が抱いている漠然とした不安や懸念を、シナリオ作品のなかで、十分なデータを揃え構造的に整理してみせるものである。規範的シナリオは「あるべき」未来を描くのに対して、探索的シナリオは、好むと好まざるとにかかわらず、「ありうる」未来の姿を提示し、読み手に対して新鮮な驚きを与えようとする。世の中はままならぬものであるからして、クライアントが事業環境や政策環境の構造と未来の不確実性の在り処を真剣に考え、不確実性について問いかける行動そのものを刺激するためには、探索的シナリオが適していると思われる。

(三) 帰納的アプローチと演繹的アプローチ

シナリオ作品の作成プロセスに関わる類型に、帰納的アプローチと演繹的アプローチがある。帰納的アプローチとは、因果関係を持った事象をつなぎ合わせるという段階的なアプローチによって、シナリオのストーリーと構造が浮かび上がってくるような手法である。一方、演繹的アプローチとは、最初に、未来の姿を大きく分ける不確実性要因を、洞察力をもって発見し、それに基づいて全体の枠組みを設定し、そのなかでシナリオを構築していく方法である。演繹的アプローチは往々にして、未来の在りようを形成してゆく複雑なメカニズムを、一刀両断に単純化するので、未来を分岐させる不確実性要因の選択には熟慮が要る。

七．日本社会の未来シナリオに使われた手法

本書の第二部では、さまざまなシナリオ・プランニングが試みられていて、さながらこの手法の展示会のようだ。

共同研究者は日本社会の未来シナリオを書くにあたって、注目すべき五つのテーマ――高齢化問題、都市と交通に関する国土の設計、日本農業の将来像と食の問題、日本企業のアジア市場展開、技術進歩と社会の受容性――に着目した。そして、テーマそれぞれの個性にしたがって、シナリオ・プランニングの切り口を違えてみることにした。

（一）検討プロセス

今回の共同研究は、専門の異なる研究者たちが日本の長期未来を構想するために、虚心坦懐に、日本の長期未来の姿を決定づける要因には、何がありそうか、と問いかけることから研究を始めている。また、未来形成を担う重要な動因の一つとして、日本企業のビジネス活動を想定した故、企業人有志の参加を求めて、研究の最初の段階から研究者と一緒に作業をしていただいた。上記に掲げた五つのテーマはこのように、ワークショップ形式を多用したブレイン・ストーミングのなかから発見され、その後、テーマごとに主担当研究者が選定されたものである。

五つのテーマの未来研究に通底する研究方法として、シナリオ・プランニングが、深く、実践的に学

ばれた。あるテーマを担当する研究者は、現時点で見えている事象は何か、それらの事象はどのように解釈されるのか、次に、そのテーマの長期的な未来展開を想像してみると、ほぼ見通しが確実に得られそうな事象は何か、逆に不確実な事象とは何か、と考え進んでゆく。この二つの事象を区分するためには、既往のデータを参照したり、共同研究の外に出て専門家たちとのディスカッションを行ったりするなど多大な時間を要する。シナリオ・プランニングには優れた調査が必要なのである。

それでは、以下に、それぞれのテーマの未来研究、およびそれらとは別の視角から描かれた第八章のシナリオ作品で用いたシナリオ・プランニングの特徴を簡単に紹介して、読者の便を図ろう。

(二) 各シナリオの紹介

第三章の「高齢化問題」シナリオは、未来の高齢者の暮らし方（ライフスタイル）に着目して、長期未来に、きわめて性格の異なる二つの日本社会が成立する可能性を見ようとする。すなわち、将来の日本国民一人ひとりは、自ら高齢者として、どのような暮らし方を望むのか、特に「人にたよる」ことについて、日本社会がどのようなコンセンサスを形成するのか、という問いを、高齢化問題の多面的な広がりを活写するための最も重要な分岐点に据えている。遠い将来の日本社会には両様の可能性が等分にありそうだ、と考えるので、これは探索的シナリオである。また、高齢化する日本社会の全体像を描くために、未来の高齢者のライフスタイルの在りようの不確実性を発見し、大きく二つの類型を設定、そのなかでシナリオ・ストーリーを語ってゆく、という演繹的アプローチを採用した作品である。

第四章の「都市と交通」シナリオは、未来の日本の国土設計のあり方について、特に、現在見えている事象とその解釈に考察を注力し、その結果、将来見通しが不確かな事象を四つ見出している。すなわち、車両に関わる新技術の開発・普及状況、都市のコンパクト化の進行程度、公共交通を基軸とした都市交通システムの実現性、および、将来の公共交通システムの計画・運用の制度、の四つである。これらの要因は互いに連関しながら、超長期未来の日本の都市と交通の未来像を規定してゆく。このシナリオは探索型であり、国土設計政策の策定に関係する行政当事者に、すべての問題に好都合なソリューションなどないことを気づかせる。また、国土設計に関わる複数の未来像を、統合的・包括的に描きだし、広く世論に選択を問いかけようとしている点で、コンセンサス形成のためのシナリオ・プランニングに発展してゆく可能性を秘めている。

第五章の「食と農」シナリオでは、長期未来の日本社会の食の姿を、農業問題と関連づけて検討しようと試み、「国内市場で流通している食品が国産品中心となっているのか、はたまた、輸入品が席捲しているのか」という問いが立てられる。仮に食品消費者が国産品を選好するとして、それはなぜか？筆者はその要因が、消費者の食への安全の求め方の違いにあるのではないか、という仮説を持ち、問題意識を深めるなかからシナリオ作品の構造を導き出した。このシナリオ作品は、時間をかけた調査のなかから重要な動因を見つけ出し、因果関係を持った事象をつなぎ合わせるという段階的なアプローチによって、ついに、シナリオのストーリーと構造が浮かび上がる手法、すなわち帰納的アプローチの典型である。

第六章「日本企業のアジア展開」は、日本企業がアジア市場に進出し、進出先の消費製品マーケットに近いところで成功しているモデル、あるいは近い将来に成功が期待されているモデルを、現地データに基づいて考察し、その上で、それらのモデルが想定外の将来変化に晒されるリスクが潜んではいないか、と、考え進む。そして、未来の事業環境を、さまざまに異なる可能性として、説得的に提示してくれるシナリオへと展開を試みる。そして、このシナリオは、日本社会から見れば、自国企業がきちんと稼いでいけるのかという不確実性をめぐるシナリオとなる。

第七章の「技術進歩と社会」シナリオは、情報技術が現在と比べて驚異的に進歩した社会の在りようを考察する。現在、我々は情報技術社会の進展を目の当たりにしているが、技術の作用には社会には必ずしもコントロールできない能動的な側面がある。そこで、未来の人々が、プライバシー情報へのアクセス権の管理、すなわち情報セキュリティに、現在の人々と同様、関心を持ち続けているのか、それとも否か、がシナリオ作品の第一の説明軸として設定される。次いで、未来の科学技術の進歩とその市場供給が企業に任されるのか、政府が介入するのかに関係する第二の説明軸が提案される。このシナリオ作品は演繹的アプローチの典型と言える。また、提示された複数の未来像のなかには、現在の人々の市民感覚として受け入れ難い姿も､説得的に生々しく描かれる。これは規範的シナリオ手法の援用である。

第八章「二〇四〇年の将来社会像」では、上記五つのシナリオ作品に基づきつつ、新たに未来の日本社会の全体像を、複数、試作して、読者に問うている。このシナリオ作品は、五つの作品の内容を統合する意図で制作されたものではない。そうではなくて、それぞれの作品のなかの知見や洞察を参照しながら、第三部で展開される公共政策論への橋渡しをする目的で、未来の日本社会の姿を三態、包括的にスケッチしたものである。着眼点は五つのシナリオ作品に現れたシナリオの構造やストーリーを熟考して、見出されたもので、したがって、帰納的アプローチを採用したものである。また、包括的、全体的な未来像を提示し、読者と共同研究者たちとの間でこれから行われる広く多面的なディスカッションに備えている点で、コンセンサス・シナリオ形式の作品である。

八．シナリオの活用

不確実な未来について複数の未来シナリオが出来上がった。さて、私たちはどのように活用すべきなのか。

注意しなければならないのは、シナリオは未来に対する答えを提示するものではないということだ。シナリオ・プランニングは、不確実性がどこにあるのかを示し、意思決定を助けるためのツールにすぎない。

本書において提示したシナリオ作品は、決して、「未来予測」として捉えてはいけない。未来に潜んでいる不確実性がどこにあるのかを分析し、それをシナリオ作品という形で提示したものである。これらの作品はゴールではなく、出発点にすぎない。私たちはシナリオの作成を通じて、未来に横たわっている不確実性を直視した。しかしそこで終わりではない。時間が経過し、状況が変化するのに伴って、日々、事象の意味を理解し、出来上がったシナリオについて問い直し続ける。もしも新たな不確実性が現出していることが示唆されるときや、既存のシナリオの前提が崩れているようなときには、もう一度シナリオ・プランニングのプロセスを開始することになる。こうした学習を持続的に行うことで、私たちは、未来に対して、より良く、対処することができるようになるのだ。

参考文献

角和昌浩（二〇〇五—六）「シナリオプランニングの実践と理論（第一回〜第四回）」『ＩＥＥＪ』二〇〇五年四月、五月、九月、一〇月、二〇〇六年九月掲載。

キース・ヴァン・デル・ハイデン（株式会社グロービス監訳、西村行功訳）（一九九八）『シナリオ・プランニング』ダイヤモンド社。

OECD/IEA (2003) *Energy to 2050: Scenarios for a Sustainable Future.*

The United States Commission on National Security/ 21st Century (1999) *New World Coming: American Security in The 21st Century.*

第二部　日本社会の未来とエネルギー・環境技術

——シナリオ分析の応用

第三章　高齢化

松浦正浩

一．高齢化のメカニズム――高齢化はもう、どうにもとまらない

（一）高齢化（人口減少）の動向

早速ではあるが、国立社会保障・人口問題研究所による将来推計人口を見てみよう（図3-1）。生産年齢人口は、いわば国の屋台骨となる世代であり、この人口の比率が高ければ高いほど、その国の生産力は高いことが一般的である。日本では一九九〇年代以降、すでに減少局面に入っており、二〇五〇年にはピーク時のほぼ半分にまで減ってしまうと推計されている。この世代の人口が減れば、当然、産まれる子どもの数も減るため、年少人口も同様に減少する。

六五歳以上の老年人口は、一貫して増加傾向にある。この図を見ると、老年人口の増加は一九五〇年

代より進行しているので、高齢化は何もいま始まった問題ではないと思われるだろう。逆に、老年人口の増加は将来落ち着くので、実は、高齢化など大した問題じゃないと誤解されるかもしれない。

問題は、老年人口ではなく、老年人口／生産年齢人口の比率、つまり、一人の現役世代が何人の高齢者を社会保障で支えるか、というところにある。一九八〇年代までは、分子も分母も同時に増えていたので、この比率は緩やかな増加であった。しかし九〇年代以降、分母である生産年齢人口が減少しているため、この比率、つまり一人当たりの負担が急増するのだ。二〇三〇年代中ごろには、この比が現在の倍程度になると推計されている。つまり、高齢者の増加が問題ではなく、生産年齢人口の減少が問題なのである。

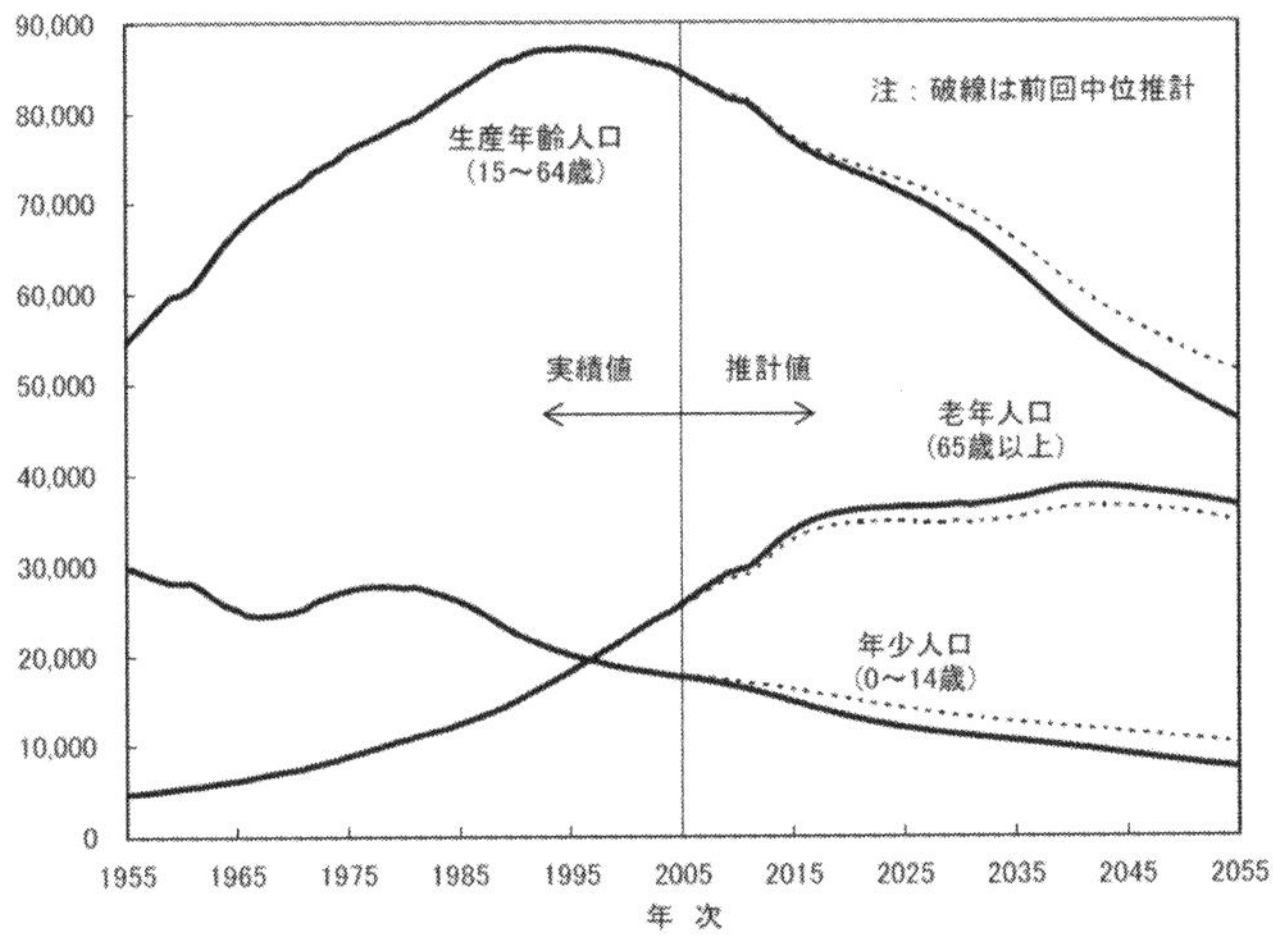

図3-1　年齢三区分別人口の推移（出生・死亡中位推計）

（国立社会保障・人口問題研究所「日本の将来推計人口（平成18年12月推計）」より）

(二) 人口推計

ここで、人口推計について説明しておきたい。将来人口を正確に予測することは困難だが、その方法論は実はシンプルである。

まず、現時点の男女年齢階級別の人口構造、いわゆる「人口ピラミッド」を把握する。これを基準に、毎年（や毎月、あるいは数年ごと）の増減を加味することで、将来の人口ピラミッドを推計する。人口の増減は基本的に、出生、死亡（生残）、移動の三つの要因で決まる。

出生数の推計は、一五歳〜四九歳の女性の年齢階級別人口それぞれに、該当する年齢の出生率をかけ算し、合計することで、一年間の出生数が算出される。なお、各歳別の出生率を合計した数字が合計特殊出生率で、出生に関する傾向を見る際によく使われる。

次に、生残数（ある一年間を生き延びる人数）を推計する。この計算は単純で、年齢階級別人口に、該当する年齢の生残率（一年後に生き残っている確率）を掛け算することで、翌年の年齢階級別人口（一つ上の年齢階級）が推計できる。

最後に移動であるが、全国の人口推計においては影響の小さな要因である。入国超過数は毎年変動が激しく、五万人程度の範囲内でプラスマイナスに振れている。全体的な傾向としては、外国人は入国が多く、日本人は出国が多い。しかし、地域別、都道府県別の人口推計では、移動が重要な意味を持つ。たとえば、大学進学時の年齢階層で、大都市部への人口集中が起きたり、逆に最近では、退職に近づく年齢階層で、地方部への移動が見られたりする。このような移動が将来、どのようになるかの仮定によって、地域別の人口推計結果が大きく変化しうる。

このように、人口推計の方法論は、経済動向を予測するモデルに比べると説明変数が少なく、単純なものである。言い換えれば、将来の人口を左右する要因はきわめて限られていて、高齢化の流れを大きく変えるためにできることはきわめて少ないのである。唯一残されている手段が海外からの移民の受け入れである。しかし、現在の生産年齢人口の割合を維持するためには、二〇二〇年ごろには毎年二〇〇万人以上の移民の追加受け入れが必要となる。これは非現実的な数字だろう。緩和策としての移民導入が議論されることはあっても、高齢化そのものは、もうどうにもとまらない。

二．高齢化（人口減少）がエネルギー・環境に与える影響

本節では、高齢化と人口減少がエネルギー・環境に与える影響について、いくつか論点を示してみたい。

（一）活動量の減少によるエネルギー消費と温室効果ガス排出の減少

京都議定書により、日本は二〇〇八年から二〇一二年の間に排出する温室効果ガスの年平均排出量を一九九〇年比で六％削減することを求められている。この六％という数字が、「効率」ではなく、「総量」に対して設定されている点に注意しなければならない。効率が改善しなくとも、使用する化石燃料の量が六％減れば、CO_2マイナス六％は達成できる。

これがなぜ、人口減少と関係あるのだろうか。それは、人口減少により、日本全体で必要とされるエネルギーの総量も減って、結局、温室効果ガスの排出は自然と減っていくのではないかということだ。実際、二〇〇五年に資源エネルギー庁が公表した「エネルギー長期需給見通し」では、レファレンスケース（比較基準となるケース）でも、二〇二一年には最終エネルギー消費が減少に転じるとしており、その理由の一つに、人口構造の変化を挙げている。

人口減少を経済成長の停滞など暗いイメージでとらえるむきもあるが、地球への負荷という面ではポジティブな意味もある。

（二）人口減少が産業構造に与える影響

高齢化、人口減少はわが国の産業にも大きな影響を与えるだろう。短期的には、労働力不足が挙げられる。いわゆる「団塊の世代」が退職を迎えるとともに、組織は経験と実績を有する労働者を失うことになる。

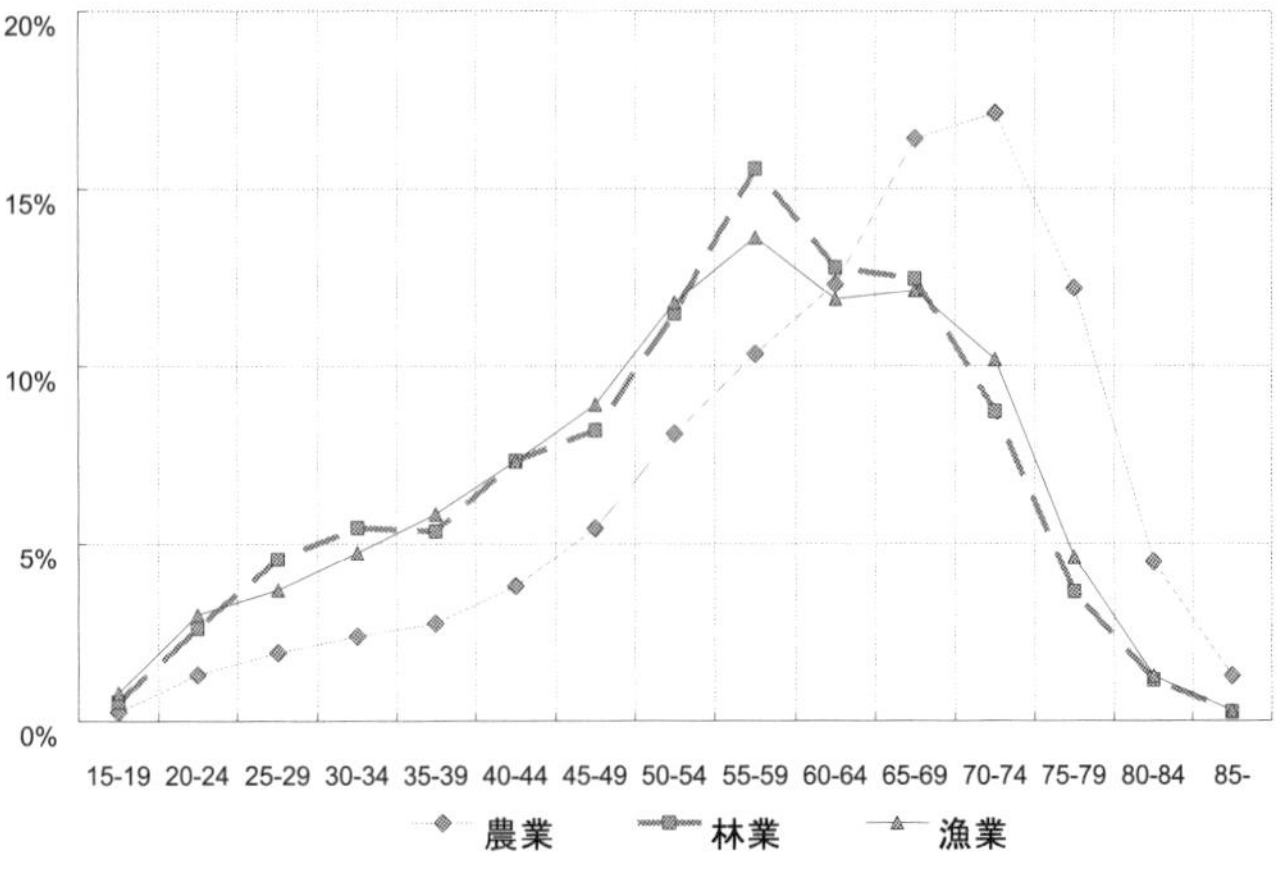

図3-2　農林水産業の就業者　年齢構成比

（平成17年国勢調査より）

定年の延長や再雇用により、「生産年齢人口」にはあてはまらない高齢者を就業させ、実質的に労働力を維持することができる。企業社会では高齢者雇用はまだ始まったばかりかもしれないが、農林水産業ではすでに高齢者が就業者の中心となっている。また、すでに高齢化が進展している地方自治体では、高齢者が第二次産業、第三次産業においても一定の役割を果たしている。**図3-3**は、平成一七年国勢調査で最も老年人口の比率が高かった島根県（二七・一%）における第二次、第三次産業の就業人口の年齢構成比であるが、農業と同じように、七〇歳代前半を中心にピークが見られる。このように、六五歳以上を高齢者として労働力から切り捨てて考えるのは誤っており、実際、高齢者が就業の中心を占める事態は一部の県ですでに始まっているのだ。

しかし、長期的に見れば、高齢者雇用による労働力確保にはやはり限界はあり、何らかの形で国内経済の「規模」に影響を与えるだろう。規模が縮小すれば、エネル

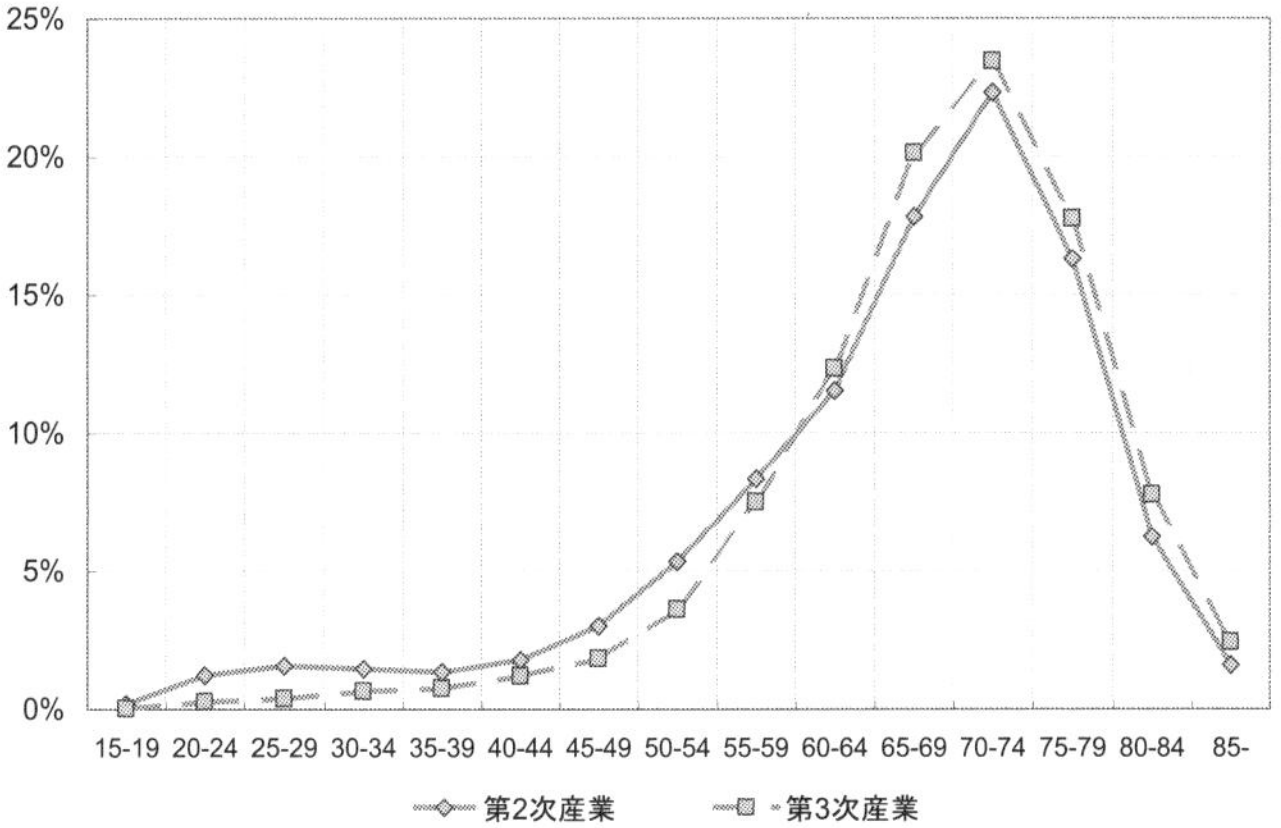

図3-3　島根県の第二次産業、第三次産業の就業者　年齢構成比

（平成17年国勢調査　第二次基本集計より）

ギー消費、温室効果ガスの排出の減少にもつながる可能性がある（逆に、景気低迷で非効率な生産プロセスが拡大し、悪化する可能性もある）。

また、職人的技能の継承が行われなければ、環境・エネルギー部門で日本が優位を保っている産業の競争力を失うことにもつながりうる。たとえば、原子炉の圧力容器の製造は日本が世界でトップのシェアを誇っているが、これも職人技の伝承が確実に行われなければ、一気に産業競争力を失いかねない一例である。

ただし、懸念されている人口減少の悪影響はあくまで規模の問題であって、国民の豊かさには必ずしも悪影響はないという意見もある。政策研究大学院大学の松谷明彦教授は『二〇二〇年の日本人』のなかで、ＧＤＰや売上高などの総量規模の拡大を目指すのではなく、過剰な大型超高効率設備への投資抑制や、一人当たりの付加価値に着目した企業経営などが実現できれば、それぞれの国民は今よりも豊かになれると主張している（松谷、二〇〇七）。その結果、当然、環境・エネルギー面でも影響は生じるだろう。たとえば、短期的には大規模投資が減少することで、スケールメリットを狙った生産プロセスの省エネ化や大規模公共施設（たとえば下水処理場）による環境対策が停滞するかもしれない。しかし、長期的に見れば、産業構造の転換によりエネルギー消費が減少する可能性も考えられる。

（三）世帯構成の変化によるエネルギー需要の変化

最後に、総人口や労働といったマクロ指標以外にも、エネルギー・環境に大きな影響を与えうるミクロレベルでの課題がある。それが「人々の住まい方」である。本章のシナリオでは特にこの側面に着目したい。

住まい方は、エネルギー需要に対して影響を与えうる。たとえば、一つの世帯に何人が住んでいるかも、その世帯のエネルギー消費量、ひいては一人当たりのエネルギー消費量に影響する。**図3-4**は、世帯人数別に、一人当たりのCO_2排出量を示しているが、世帯当たりの人数が増えるほど排出量が少ない傾向が見て取れる（ただし世帯構成員の年齢などを考慮する必要もあり、人数が多ければ必ず少ないとは言い切れない）。

給湯や暖房に使うエネルギーは、複数の人が一つ屋根の下に住むことで、いくばくかは節約できる。家族みんながいっしょに夕食を食べれば、その時点で冷暖房やテレビなどに使われる電力は、みんながバラバラに部屋にこもって冷暖房をきかせ、複数のテレビを見ているのに比べて、そうとう減らすことができる。

これは将来、それぞれの「家族」がどのような暮らし

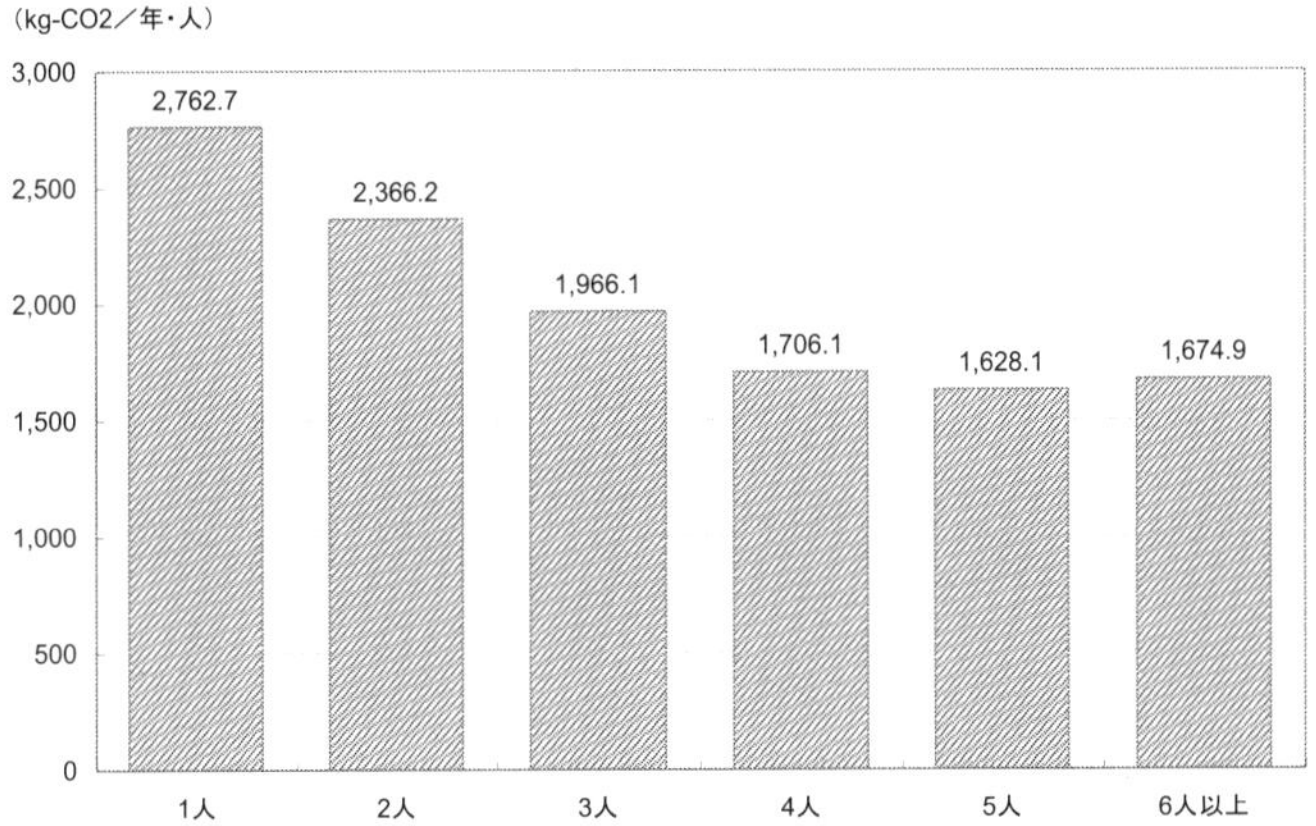

図3-4　世帯人数別１人当たりCO_2排出量

（パナソニック「2007年度環境家計簿活動取り組み結果」より）

方をしているかが、エネルギー消費や温室効果ガスの排出に影響を及ぼしうることを示唆している。これから増加する高齢者は、子供が同居して面倒を見るのか？　あるいは単独世帯としてマンションなどに住むのか？　さもなくば、老人ホームのような施設で共同生活を送るのか？

エネルギー消費のほかにも、世帯の住まい方は影響を与えうる。それは、民生用省エネ機器の選択である。もし、一人暮らしの高齢者が増えれば、住宅設備や家電も小規模なものが中心になる。冷蔵庫も現在省エネ性能の高い大型ではなく、省エネ化が進んでいないと言われている小型冷蔵庫が出回ることだろう（よって、小型冷蔵庫の省エネ化が重要課題となる）。給湯器も、ヒートポンプ給湯器や家庭用燃料電池のような大型機器ではなく、潜熱回収型湯沸器のような小型機器が普及するだろう。電化調理器具も安全性の観点から普及する可能性もある。逆に、二世代、三世代の同居が一般的になれば、大型の家庭用高効率給湯器などは効果を発揮するであろう。また、高齢者の施設居住が一般的になれば、現在病院施設などで活用されているコジェネレーション機器などの大型機器が導入されるだろう。このように、世帯の住まい方が、省エネ機器の市場に大きな影響を与えうる。

三．高齢化時代の住まい方に関する二つのシナリオ

（一）シナリオの分岐点

本章の第一節では、今後、高齢化の傾向が大きく変化しないことを説明した。そして、エネルギー・

環境という観点ではなく、人口構造ではなく、高齢者を含めた世帯の住まい方が重要な変数となりうることを前節で説明した。そこで本節では、高齢者の暮らし方（ライフスタイル）に着目し、世帯の住まい方に関する二つのシナリオを導きたい。

世帯の住まい方は基本的に、国家や社会が一方的に強制できるものではない。それぞれの個人が、家計や家族のしがらみといった制約のなかで、自分が望む暮らし方を実現するために、家族を構成し、住まいを選ぶ。個人による選択の結果が、社会のすがたとなり、そして社会における共同生活をより公正で効率的なものとするために政策が形成される。

よって、ここで提示する二つのシナリオは、今後、国民一人ひとりが、特に、自らが高齢者として、あるいは高齢者との関係で、どのような暮らしを望むかによって大きく左右されると考えられる。そのなかでも特に、「人にたよる」ことについて、日本の人々がどのようなコンセンサスを形成するのかが、大きな分岐点だと考えられる。たとえば、博報堂生活総合研究所は二〇〇四年の生活予報を「二〇一二年欲　ヨリカカリ」と題し、新たな相互依存関係が発生することを予測している。

バブル崩壊以降、あらゆる面で、個人としての自己責任や自主独立を重視する傾向が強まっている。過去五〇年程度を振り返ってみれば、やはりここ一〇年程度で個人を重んじる傾向が強まっていることは間違いないだろう。現在の二〇代～三〇代では終身雇用制が実質的に崩壊しつつある。しかし、現時点では、この傾向が必ずしも高齢者にまで波及しているようには思われない。

ここに将来の不確実性がある。今後新たに高齢者となっていく人々（現在四〇代～五〇代の人々）は、いわゆる高齢者になっても、自己責任や自主独立を重視するのであろうか。

第一のシナリオは、高齢者が人にたよらない社会を想定した。つまり、自己責任の精神を高齢者になっても引き続き抱き続けるというシナリオである。第二のシナリオは、人が人にたよって生きていく社会を想定した。高齢者となり、年を重ねることで、身体的な限界などを理由に思考を変え、おもに高齢者の間で新たな相互依存関係が形成されるというシナリオである。

(二) シナリオ一　個が自己責任で自己実現する社会

「サクセスフル・エイジング」がキーワード

六五歳になっても、今と変わらず、自由に、充実した生活を続ける。逆に、これまで、家庭や仕事といったしがらみでできなかったことを始めるチャンスだ。こういう考え方はいまでもあるし、さらに高齢化が進めば、より広まる可能性も高い。

このような考え方は「サクセスフル・エイジング」と呼ばれている。年齢にかかわらず、自助努力を重視し、食生活や運動など健康管理に気を配りつつ、毎日の生活から得られる満足感を最大化するよう、さまざまな社会活動に積極的に関与するようなライフスタイルである。山本思外里氏は「理想を言えば、従来のように年を重ねるにつれ、徐々に機能が低下する曲線型ではなしに、死の直前までできるだけ健康状態を保ち、最後は、木がばったり倒れるように寿命が尽きるような直角型の晩年が望ましい」(山本、二〇〇八)と書いているが、まさにこれが「サクセスフル・エイジング」思想の典型である。

現在の動向

すでに、サクセスフル・エイジングを目指す動きは多々見られる。たとえば、二〇〇六年の新語・流行語大賞トップテンに入賞したキーワード、「メタボ」が挙げられる。不摂生をせず、健康管理を自ら行い、老後に備えることはまさにサクセスフル・エイジングと言えよう。

また、老後の生き方を自己選択ととらえている動きも急速に広まっている。退職後に「田舎暮らし」を希求する人々もいれば、海外旅行を楽しむ人々もいる。ライフスタイルは各自の自己責任に基づく自己選択であって、家庭と仕事のしがらみから解き放たれ、自由に好きなことをできるという高齢者像もある。

社会保障について見れば、後期高齢者医療制度のような改革が進められているが、サクセスフル・エイジングの思想はその路線を相互に補完する関係にある。社会保障改革は、病院や介護に「過度」に依存しない高齢者を増やそうとしているが、そのような理想の高齢者は、サクセスフル・エイジングの実践者でもある。

労働面では、すでに高齢者のサクセスフル・エイジング化が一般化している業界がある。それは農林水産業である。第二節で述べた通り、農林水産業の就業者はすでに高齢化しているが、彼らは一般的なサラリーマンとは異なり、六五歳を過ぎようとも農林水産業という肉体労働に従事している。

また、人口減少に伴う労働力不足に関連して、移民の動向についても見ておきたい。現在のところ、ブラジル、ペルーなどの在日日系人が着実な増加を見せている。彼らの就業先は、製造業などの単純労働が中心で、低賃金労働者として、過去にわが国の発展を担ってきた産業の人手不足をカバーしている。また、労働力としては公式に認められてはいないが、外国人研修制度に基づく「技能実習」として新たに雇用される外国人の数は毎年六万人を越えている（ＪＩＴＣＯ、二〇〇八）。このように、人口減少に伴う労働力不足を、実質的な外国人労働者に依存することで解決しようという動きは、現時点でも見られる。

五年から一〇年後の未来

医療や介護は、現在すでに社会問題となっているが、これから五年から一〇年程度の間でさらに大きな変化が見られるだろう。

低い給与水準と過酷な労働条件を一因とする介護士不足は引き続き深刻化し、二〇〇九年度以降、介護報

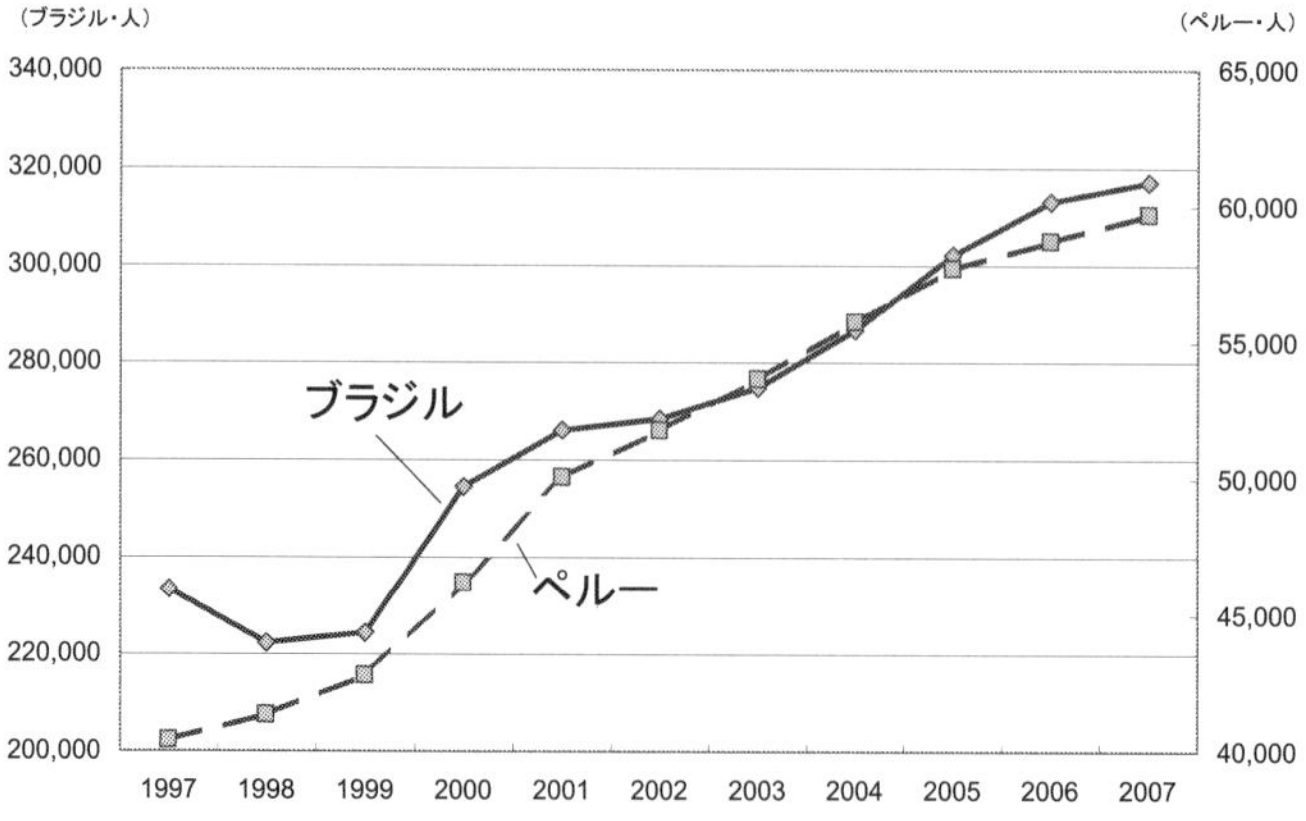

図3–5　外国人登録者数（ブラジル、ペルー）

（法務省入国管理局「平成19年末現在における外国人登録者統計について」平成20年6月より作成）

酬改定のたびに引き上げへと動かざるを得ないだろう。また、要介護認定に関する不信感が社会問題化する可能性がある。この不信感をマスコミなどが幅広く取り上げることで、不服申し立てが急増し、より高い介護度を認めさせようとする圧力が強まる可能性がある。

これらの動きの結果、しばらくの間、介護保険料額は改定のたびに増額となるだろうが、サクセスフル・エイジングの実践者から、次第に支出に対する反発が強まる。そして、二〇一五年には一転し、介護保険によるサービス水準の大幅引き下げが行われる。十分なサービスが受けられなくなった場合には、自己負担により追加費用を支払うことで、介護事業者等のサービスを受けることになる。その結果、介護格差が深刻化するだろう。

このような状況のなかで、社会保障費の財源としての消費税増税に関する議論が引き続き、提起される。しかし、介護や福祉を目的としたとしても、消費税増税をほのめかすや否や、与党は選挙で敗退してしまう。結果、財源不足には、国による財政拠出の抑制という方法でしか対応できなくなる。

こうして見ると、暗い社会のようであるが、元気で、サクセスフル・エイジングを実践する高齢者にとっては明るい未来である。まずは、労働参画の拡大である。ホワイトカラーは、退職後もその技能を生かしたコンサルティング、技術指導をマイペースで行うことが一般化する。その結果、多くの企業は、設計、経理などの業務を高齢者企業にアウトソーシングすることとなるだろう。また、一〇年後には、ITスキルを十分に有する人々が高齢者となることから、インターネット等を活用し、田舎暮らしを満喫しながら、都会に出ることなく、田舎で従事する高齢者コンサルタントが出てくることだろう。

また、終の住みかとしてアジアへ海外移住する高齢者もこれから一〇年程度の間に急増する。退職後、アジア諸国に移住し、余暇を楽しみつつも、技術指導やコンサルティングなどでその能力を発揮し、生きがいとするホワイトカラーも増える。実際、高等教育を受けた人材不足に悩むベトナムは、退職後の日本人人材の誘致に動いている（たとえば、『朝日新聞』二〇〇八年三月二七日記事「シルバー人材、ベトナムに来て」）。

一〇年から二〇年後の未来

二〇二〇年代には、ポストバブル世代（現在二〇代後半）が「中年」になる。この頃には、健康管理を誰もが当然のこととして行う時代となるだろう。たとえば、中堅以上のホワイトカラーにとって、フィットネスクラブへ行くことが半ば常識になる。実際、「平成一七年特定サービス産業実態調査（フィットネスクラブの概況）」によれば、個人会員数は三八五万人で、平成一四年調査と比べ一七％増であった。この増加傾向がそのまま続けば、二〇二〇年ごろには八〇〇万人超がフィットネスクラブへ通っていると想定される。また、高齢者向けのフィットネスクラブも多数、開業するだろう。すでに、団塊の世代を対象としたプログラムを組み始めているクラブもある（たとえば、『日刊県民福井』二〇〇七年六月四日記事「人気過熱スポーツジム　ターゲットは『団塊の世代』」）。

公共の場所での喫煙はほぼ不可能になる。実際、二〇歳代の喫煙率はすでに五〇％を下回っている。ちなみに現在でも、米国では二〇以上の州政府がレストランでの禁煙を義務づけており、二〇二〇年ごろには、わが国においても公共の場所での喫煙が禁止されていることだろう。

このように、サクセスフル・エイジングに向け、誰もが身体の準備を整えていく。そして、いわゆる健康産業の市場規模は非常に大きなものとなるだろう。

「健康」食材への関心もこれまでに例を見ないほど高まり、国産で、ＩＴを駆使したきわめて高いトレーサビリティを備えた、低カロリーで、非遺伝子組み換え食品の需要が高まる。しかしまた同時に、経済的に余裕のない者は、いわゆるジャンクフード（低価格で生産者が見えない、バイオ工学を駆使した長期保存食品）を食いつないでいくことになる。

高齢者の生活について見れば、社会保障の削減により、老後の生活はそれまでの貯蓄（年金や自己資金）に大きく依存することになる。いわば、老いの自己責任化である。医療についても、診療の自由化などが進み、救急以外の高度医療の自己負担額が増えることになる。いわゆる医療の二階建て化が進み、民間の医療保険（入院保険など）の市場規模がより拡大する。カバーされる医療行為が幅広い医療保険に入っていない、入れない人々は最低限の医療しか受けることができなくなる。

人口減少に伴う労働力不足は深刻なものとなる。現在、第一次産業に就業している高齢者の多くがこの頃には、引退せざるを得ないだろう。農業の大規模な再編が必要となるとともに、農業従事者の不足が課題となる。また、製造業の労働力不足は引き続き深刻化している。

対策の一つとして、移民の受け入れが拡大する。この頃には、「五〇年間で移民一、〇〇〇万人受け入れ」法案が通過、移民庁も発足し、深刻な労働力不足を移民で対応しようとしている（たとえば、『産経新聞』二〇〇八年六月二〇日記事「移民一〇〇〇万人受け入れ　国家戦略本部が提言」）。しかし、移民だけでは十分な労働力を確保できないことから、単純労働についても高齢者の雇用が積極的に推進されることになる。

高齢者参画の促進の手段として、七五歳までの老齢年金支給額の削減と収入制限の撤廃が行われる。高齢者が収入制限を理由として就労をためらうことを防ぐとともに、支給額を減らすことで働かざるを得ない状況へと追い込むことになる。特に、ブルーカラーの人々は、体力の続く限り単純労働（製造業、清掃業など）に従事させられることになる。実際、シンガポールでは高齢者の就業を促進する政策が採用されており、過去十数年で就業者率が三六％から四八％へと増加しているが、その大半は小売、交通、ホテル・レストランといった単純労働である。

二〇年から三〇年後の未来

この時代になると、サクセスフル・エイジング思想はアジアへと展開する。二〇二〇年頃には中国、韓国でもいわゆる人口オーナス時代に突入し、二〇三〇年頃には高齢化が社会問題化することから、日本で普及したサクセスフル・エイジング思想が広まる。二〇二〇年頃わが国で流行した「中高年特化フィットネスクラブ」はそのビジネスをアジアへ展開させることだろう。

しかし同時に、サクセスフル・エイジングに反抗する層も登場するだろう。健康管理に疲れた人々が、暴飲暴食を繰り返すという社会現象が起きるかもしれない。

また、現在の若年貧困層（二〇〜三〇年後に四〇〜五〇代）のなかには、後期高齢者となった親の面倒を見るのが困難な者も多数出てくる。ここで、親の世代が十分な貯蓄を持つ場合には、彼らが金銭面では親の援助を受けつつも、親の介護を引き受けることになるだろう。しかし同時に、介護虐待が深刻化する可能性もある。

この頃には、移民による労働力確保も定着し始めるだろうが、景気によっては、前期高齢者と移民との間で雇用の確保をめぐり対立関係が生じる可能性がある。しかし、かなりの数の移民を受け入れてしまった結果、政府として移民の出国を促すことができず、ブルーカラーの前期高齢者を動員した極右勢力が台頭する可能性もある。また、移民の出国を強制しようとすれば、移民による暴動なども可能性がある。所得格差の拡大により、都心部の治安は総じて悪く、年齢を問わず、高所得者層は厳重な警備が施されたマンション（ゲート・シティ）に、低所得者層は昭和に建てられた木賃アパートや公団住宅に、住まうことになる。

三〇年後の住まい方

これまでのシナリオで見てきたように、自己責任社会となった場合、高所得・高貯蓄の者と、そうでない者の間でかなりの生活格差が生じるだろう。住まい方についても多様性の高い社会である。

高所得、高貯蓄の高齢者は、それぞれの自己選択で幅広い住まい方を実現する。都市に住み続ける高齢者は、都心部の高級介護マンションに居住するだろう。田舎暮らしを希望する高齢者は、旧家を買い取り、大規模なリフォームを施した上で、都会でのそれまでの生活と変わらぬ生活を田舎で実現するだろう。自動車は各人一台で、オフロードも運転できる外車のＳＵＶである。情報通信回線も必須である。

低所得、低貯蓄の高齢者には、限られた選択肢しか与えられない。具体的には、都市部の木賃アパートや、郊外の公営・公団団地などである。彼らは、労働に従事しなければならないことから、都市部に通勤できる範囲で居住地を見つけなければならない。住宅設備についても、既存の機器を壊れるまで使い続け、更新しなければならない場合も、低コストのものを選択せざるを得ない。介護を必要とする高齢者についても、子どもの介護支援を受けられない場合には、わずかな介護保険のなかで最低限のサービスを受けることになる。これらのアパート、団地等では老衰で死亡する高齢者が後を絶たないかもしれない。

全体の傾向としては、何よりも単独世帯の数が増加する。高齢者も自由を謳歌するかわりに、自立した存在でなければならず、子どもとの同居は当然の選択肢ではなくなる。よって、今後人口は減少するものの、世帯数の減少はより緩やかなものになる。

また、三〇年後になっても、現在と同じく個々の世帯にフィットする省エネ家電、住宅設備が売れ筋となるだろう。高齢者の高級マンション暮らし、田舎暮らしなど、新たな住まい方が出てきたとしても、結局は個人がそれぞれの趣味生活を自由に独立して送るのであるから、世帯単位で設置できる機器でなければならない。

結論から言えば、このシナリオでは、省エネはほとんど進まないと考えられる。

高所得者は、住宅や個別家電の省エネ性能がアップしたとしても、空調を必要とする室内面積は増え、家電の規模は大型化し、そして家電等の数も増えてしまう。よって、エネルギー消費は最終的に増加してしまう可能性もある。また、高齢者による田舎暮らしの場合、アクティブなライフスタイルを実現するのであれば自動車に依存せざるを得ず、輸送についてもかなりのエネルギー消費があることだろう。

　低所得者について見ても、省エネ機器への投資資本もなく、現状と同じか高年式化で性能はさらに悪化するだろう。

(三) シナリオ二　新たな公による福祉重視社会

「新たな公」がキーワード

　高齢者福祉は本当に行政の役割だろうか。昔の日本を考えてみれば、子どもが親の世話をすることが常識であって、「お上」ではなく「イエ」が高齢者福祉の機能を担っていた。経済成長に伴い、「イエ」の求心力が弱まり、核家族化した結果、行政が高齢者福祉の役割を担うようになってきたのではなかろうか。しかし、高齢化に伴う社会保障費急増への対応として、行政が高齢者福祉を「イエ」へ返上するようなことはまず考えられない。たとえ行政がそのような施策をとったとしても、長年の社会経済情勢の変化で、担い手となりうる「イエ」は以前に比べて激減しているのではないか。

　そこで、高齢者福祉の新たな担い手として「新たな公」が考えられる。具体的には、ボランティア団体、市民団体、コミュニティ団体などである。

　この概念は、二〇〇八年に閣議決定された「国土形成計画」の中核をなす概念で、これからは国土管理を政府が一手に担うのではなく、市民団体やＮＰＯを含めた「新たな公」が共同で担うというアイディアである。現在のところ、国土管理の文脈でしか語られていないが、この概念は、今後の高齢者問題を考えていく上で、シナリオを牽引しうる重要な概念となりうる。また、この概念が導き出す社会像は、サクセスフル・エイジングとは対照的に、人がお互いに頼りあう社会であり、それなりの束縛もある社会である。

現在の動向

バブル期以降、人と人とのつながりが非常に弱くなった。地縁に基づく古典的なソーシャルキャピタル（Putnam, 2000）は弱体化していると考えられる。大都市では、隣に住んでいる人が誰だか知らない、町内のお祭りがいつ行われるのかも知らない、そして特に理由もなく引っ越してしまう。

しかし、異なる形で「人と人とのつながり」を求める動きも多々ある。ミクシィをはじめとするSNS（ソーシャル・ネットワーキング・サイト）と呼ばれるウェブサイトは、流行り廃りがあるにせよ、それなりに人気を維持している。中・高生の間ではプロフと呼ばれるサイトを使って自己紹介し、新しい友達を増やすことが流行している。また、市民活動やボランティア活動を中心とした人と人とのつながりも、着実に拡大している。

高齢者介護についても、明らかに労働環境が悪いにもかかわらず従事していただけるスタッフがいるのは、単に給与目的でなく、お年寄りを助けたいという人と人とのつながりを求める心によるところが大きいのではないだろうか。実際、高齢者介護のデイサービスにおいて、ボランティアが一定の役割を果たしている。金銭授受がほとんどなくとも、人々のつながりを求める心によって、新たな公が高齢者介護の受け皿を果たす可能性を示唆している。

このように、地縁ではない、個人の利害関心に基づく新たなコミュニティが生まれてきていることは、多くの人が直感していることではないだろうか。

五年から一〇年後の未来

地縁によるコミュニティは、今後一〇年程度で急速に再構成されるのではないか。最大の理由は、戦前に教育を受けたいわゆる「地域ボス」がかなりの高齢になり、死期を迎えるためである。

コミュニティが崩壊し、地域の運営（ごみ掃除や子ども会など）を業者に委託しなければならない地域も出てくるかもしれない。また、コミュニティの再構築に向けて、若手世代が新たなネットワークを形成し、逆に活性化する地域があるかもしれない。

しかし、人々の「つながりたい」という気持ちはなくなることはなく、ＩＣＴなどを活用し、利害関心に基づく新たなコミュニティが多数、形成され、そこでグループ規範が再構築される。旧来の地縁のような「しがらみ」がないがゆえ、一方的に思想や運営方針を押し付けることは難しい。むしろ、グループ規範の再構築において合意形成を図るファシリテーターとなれる者が、コミュニティのリーダーとして活躍することだろう（サスカインド・クルックシャンク、二〇〇八）。

ウェブサイトを開設し、趣味や関心を共有する高齢者が集まる場をつくる前期高齢者が、かなりの数にのぼる。しかしあくまで個人としての活動なので、リーダー格の高齢者は、自分自身の手でウェブサイトを立ち上げられる人々であろう。よってこの時代に高齢者コミュニティのリーダーとなる人々は、現在、五〇歳代で、ウェブサイトの制作などコミュニケーションに関するITスキルを身につけている人々である。

高齢者は、人と人とのつながりを求め、従来の労働市場に関心を持たないがために、高齢者の労働参画の速度は遅い。むしろ、前期高齢者は、ボランティアとして、統計上カウントされない労働力を社会に提供する。一時的な労働力不足を補うため、外国人労働者が増加する可能性があるものの、経済連携協定（EPA）に基づく看護師受け入れ制度など、ごく限られた範囲でのみ、受け入れられる。いずれにせよ、人口減少に伴う経済規模縮小のため、雇用機会も徐々に縮小し、外国人労働者を必要とする事業者も減少する。

介護や医療の現場は、人間と人間の「心の通い合い」で何とか維持される。介護報酬の改定で、介護スタッフへの一定の待遇改善が図られるものの、大幅な改善とはならない。むしろ、NPOやボランティアの活用による介護サービス提供をより一層拡大するための制度が導入される。ボランティアの担い手は、いわゆる前期高齢者（六五歳〜七四歳）が中心となる。また、雇用情勢の悪化により、若者のケアの担い手も少なくない。介護サービスを提供するNPOの法人税、固定資産税の減免や、補助金の拡大などの制度が導入されるだろう。また何より、介護スタッフが社会で尊敬される存在となる。金融業界のサラリーマンに対する嫌悪感が高まり、給与が少なくとも介護を続けているスタッフへの尊敬の念が広まり、この傾向はテレビドラマなどで加速される。実際、最近のテレビドラマの主人公は、トレンディドラマの派手な「ヤンエグ」から、警察・消防や自衛隊など公的セクターに従事する人々の貢献を称賛するものが多くなっているような気がする。

基幹病院数の減少は現在の「医療崩壊」のなか、不可避の状況だと考えられる。廃止された病院は、NPOなどのボランティアが中心となって活動する高齢者居住・支援施設にコンバージョンされる。

また、福祉目的を理由に、若干の消費税増税もこの時期に行われる可能性がなくはない。当然、消費税増税は選挙では大きなマイナス要因となる。増税後の消費税については、国民の理解を得るために、食品やその他生活必需品を課税対象外とした税制となるだろう。

一〇から二〇年後の未来

強固なコミュニティが新たにできるということは、それを利用しようとする人々も出てくる。特に、国政では、ネットワークやアイデンティティに頼る政治が強化されるだろう。今後、高齢者の比率が増えるということは、選挙のときにはそれだけ高齢者の影響力が増すということになる（たとえば『WEDGE』二〇〇八年八月号「高齢者医療で露呈したシルバー民主主義の危うさ」）。高齢者のコミュニティは票稼ぎの上で格好のターゲットであり、候補者は強力な高齢者コミュニティの支持を模索するだろう。逆に、高齢者の側が、米国のAARP（旧・全米退職者協会）の日本版のような組織を立ち上げれば、きわめて強力なロビイング団体となるだろう。

同時に、プライバシーの低下も予想される。人とつながる、ということは、相手のことを知ると同時に、自分のことを知ってもらわなければならない。たとえば、ボランティアに介護をたのむにせよ、そのボランティアがどのような人間か、事前に理解できなければなかなかたのみづらい。ボランティアを引き受ける側も、介護を提供する相手がどのような人間か事前に知ることができれば、無償で喜んで介護を提供したいと思うようになるかもしれない（逆に引き受けたくない人も出てくる）。その結果、誰もが神経質になっていたプライバシー保護に関する懸念が弱まるとともに、実名ベースのソーシャル・ネットワーキング・サイトのようなものにより、個人の評判がこれまで以上に出回るようになる。

逆に、つながりのある人々が何をしているのかが気になるため、監視技術が進展する。純粋に人と人とのつながりだけによる取引であれば、一度成立した取引（人間関係）を解消することは容易ではないし、また、サービスの質に関する情報を取引前に得ることがきわめて重要になる。いわゆるクチコミが重要になる。結果として、国民総背番号制が導入されたり、路上の監視カメラ設置もこれまで以上に一層促進されたりする可能性がある。

このような新たなネットワークに参加できない人々も多数出てくる可能性についても考慮する必要がある。地縁であれば、ほぼ強制的にコミュニティに参加し、規範にしたがう必要が出てくるが、自らの利害関心に基づくコミュニティについては、面倒だとか、不安だとかいう理由で、自らコミュニティに参加しようという意思がなければ、参加しないまま生活を送ることになるだろう。また、コミュニティのなかの政治力学やコミュニケーション下手などが理由で、利害関心を共有しつつも、コミュニティから追い出されてしまう人々が出てくることだろう。

住まい方について見れば、二世代、三世代同居の推進がより積極的に図られるだろう。金銭ではなく、人と人とのつながりによって社会を維持しようというのであるから、まずは家族を基盤とした高齢者介護を推進する政策が打ち出される。具体的には、高齢者扶養への特別所得控除が考えられる。実際、すでに三世代同居世帯に対する減税措置は検討が始まっている（たとえば、『読売新聞』二〇〇八年五月二二日記事「三世代同居世帯に減税、高齢者優遇措置で政府・与党が原案」）。また、少し極端なアイディアだが、保育所不足解消を理由に、近隣に年金生活の親が居住する者は保育所が子を預からないといった政策も考えられる。孫の面倒を前期高齢者の親に見させることで、親子のつながり（貸し借り関係）を強化し、親が後期高齢者となったときの家族介護へと誘導させることができるかもしれない。また、男女ともに、ワークシェアリングが進展し、一日五時間勤務や週休三日制の会社員も増えるだろう。そうすれば、デイサービスなどの活用も含め、介護の肉体的、精神的負担が現在よりも軽減され、同居がより現実的な選択肢となるかもしれない。

また、所得税、法人税、住民税、相続税についても、現状維持か、若干の増税が図られるであろう。ある程度の資本の海外流出は避けられないが、この頃には人々が、コミュニティへの貢献を重視するようになり、不労所得を蓄財したり、逆に派手に浪費したりすることが忌避されるようになるだろう。ある意味で横並び社会でもある。また、政治的影響力を増す高齢者の大多数にとって、所得税率の累進拡大によって悪影響を受けることはほとんどないだろうから、累進拡大賛成の過半数票は容易に取り付けられると考えられる。住民税についても、地方分権が拡大し、一部の地域では累進課税が復活する可能性がある。これらの税制改革は、名目上すべて福祉目的で実施されるが、実際の目的はプライマリーバランスの回復にある。これらの税制改革の結果、一時的に資本の海外流出が進み、金融業界や投資家は打撃を受け、国内経済の規模は縮小するものの、財政赤字は縮小する。

人口減少とこれらの社会保障負担増により、国内の市場規模は縮小し、製造業は生産拠点の多くをアジア諸国へと移転させる。農林水産業と、高付加価値の知的産業のみが日本国内で生き残る。農林水産業は、現在、就業者の中心を占めている前期高齢者が引退せざるを得ない年齢に達するため、深刻な人手不足に陥る。そこで、農林水産業は大幅な構造改革を経験するとともに、ボランティアあるいは季節労働者として前期高齢者が農作業に集団で従事することになる。ボランティアはお米一年分などの「おすそ分け」をもらうことで、実質的に報酬を得る。

また、知的産業の育成のため、教育・研究機会の拡充に向けて、高等教育が実質的に無料化されることになるが、全体で見ると、人と人とのつながりが重要であることから、若者も地元志向が強くなり、低学歴化が起きる可能性がある。実際、高学歴化は親との同居を抑制する要因(田渕・中里、二〇〇四)であり、さらに財政緊縮化が進むが故に、高等教育はより狭き門となるだろう。

二〇から三〇年後の未来

この頃になると、社会のために自らの欲求をコントロールする能力が美徳とされるようになるだろう。

高齢者は、独立した自由な生活よりも、世話をする人々、世話になる人々とのつながりを重視する。その気遣いから、いわゆる尊厳死（自殺）を希望する高齢者も増加する可能性がある。

食生活も均質化が進む。後期高齢者は、家族と一緒の食事か、あるいは給食サービスに食事をたよることになる。また高齢者は、人と人とのつながりが見えない大型ショッピングモールを嫌い、店員が顔を覚えていてくれる地元の小規模スーパーマーケット、商店などを好んで利用する。また、巣鴨、十条のような都心の狭隘路の商店街は、人と人とのつながりを求める高齢者でなお一層盛況を呈している。さらに、食生活の均質化により、カロリー税（ぜいたくな食材、高カロリー食品への課税）が導入されるかもしれない。

高齢者の間では、自らの居所や身分を知らせるために、ＲＦＩＤチップを自らの意思で体内に埋め込むことが流行する。

三〇年後の住まい方

これまでのシナリオで見てきたように、生活様式もかなり均質化されると考えられる。高所得者層への課税が強化されることから、贅沢な暮らしが減るものの、貧困にあえぐ人々も減る。また、人々が助け合って生活する必要があることから、プライバシーは低く、また高密度の居住となることであろう。

高齢者の住まい方については、コレクティブハウスのような住まいがより一般的になると考えられる。つまり、個人の居室は、寝室や居間に限られ、キッチンや食堂は共有のものとなる。食事についても、前期高齢者やボランティアが用意することになる。また、エンターテイメントも、共同のシアタールームや図書室で提供される。風呂場も、温泉のような大浴場と露天風呂が完備される。出入り管理などのために、住人は常にＲＦＩＤカードを携帯する。一部の住人には、このカードと同等の機能を持ったチップを埋め込んでいる人も出てくる。このような住まい方では、住民間のトラブルも起きやすいことから、もめごとの解決を専門に行う職員が常駐している。また、入居にあたって、過去の経歴などが詳しくチェックされ、実質的にランクづけが行われるようになる。

また、家族との同居を望む人々は、三世代同居が進む。同居する世帯については、年間二〇〇万円以上の大幅な所得控除を与えることで、次世代の負担がかからないようにする。また、介護保険制度の見直しで、デイサービスも受けやすくなっており、介護が必要であっても、次世代が忙しい昼間は家の外で、他人に面倒を見てもらうことができる。三世代同居の住宅は、現在でも一般的に見られる「二世帯住宅」の形態を引き続きとることになる。また、マンションの隣り合う二部屋を購入して、実質的に同居する人々もいる。このような新しい「住まい」(厚生労働省、二〇〇三)が実現している社会である。

誰もが人と人とのつながりを希求するため、高密度な都市となる。郊外部や農村は大きく疲弊することだろう。

このシナリオでは、人々の生活が均質化し、高密度で居住しているため、省エネ機器の導入も進みやすい。コレクティブハウスのような住まいでは、大型の省エネ機器(空調、温水器)が売れ筋となるだろう。

料理や給湯などのエネルギー消費も集約して行われるため、効率は高い。三世代同居世帯でも、熱と電気の需要バランスを取りやすくなるため、エコキュートや家庭用燃料電池などの省エネ機器が導入されやすくなる。同時に、高齢化対応の建て替え（バリアフリー化）などを契機に、高断熱化が図られ、太陽光発電や太陽熱温水器などの導入も促進される。

生活様式が均質化するため、必要とされる住宅や住宅設備の技術も集約化が進むだろう。

参考文献

ＪＩＴＣＯ（国際研修協力機構）（二〇〇八）『ＪＩＴＣＯ支援研修生統計（二〇〇八年一一月分）』。

厚生労働省（二〇〇三）『二〇一五年の高齢者介護　高齢者の尊厳を支えるケアの確立に向けて』。

サスカインド、クルックシャンク（城山英明・松浦正浩訳）（二〇〇八）『コンセンサスビルディング入門』有斐閣。

田渕六郎・中里英樹（二〇〇四）「老親と成人子との居住関係―同居・隣居・近居・遠居をめぐって」渡辺秀樹・稲葉昭英・嶋崎尚子編『現代家族の構造と変容』東京大学出版会、一二一―一四七頁。

松谷明彦（二〇〇七）『二〇二〇年の日本人―人口減少時代をどう生きる』日本経済新聞社。

山本思外里（二〇〇八）『老年学に学ぶ　サクセスフル・エイジングの秘密』角川書店。

Putnam, Robert D. (2000). *Bowling Alone: The Collapse and Revival of American Community*, New York: Simon & Schuster.

第四章　都市と交通

加藤浩徳

一．移動と都市　これからどこに向かうのか

一九三三年第四回国際近代建築家会議で提案されたアテネ憲章（ル・コルビュジエ、一九七六）によれば、都市の機能は、「住む」、「働く」、「遊ぶ」、「動く」の四つであると言われる。ここからもわかるように、「動く」に該当する「交通」は、都市における重要な活動の一つである。

一般的に、交通には、本源需要としての交通と派生需要としての交通とがあるとされる（Hanson and Giuliano, 2004）。前者は、移動そのものを目的とする交通であり、ジョギングや散歩が含まれる。一方、後者は、交通以外の諸活動が第一義的な目的であり、交通はあくまでも副次的なものと考えられ、おもに、通勤・通学や買い物交通が含まれる。これまで、都市交通といえば、おもに派生需要としての交通

のことを意味し、都市交通問題といえば、交通混雑やそれによって引き起こされる騒音や大気汚染の問題だと考えられがちであった。ここでは、交通インフラの供給量が、都市内交通の効率性に決定的に影響を与えると広く信じられてきた。しかし、近年では、量の拡大だけでなく、移動の質の向上も必要だと考えられつつある。さらに、健康やリクリエーションの関心の高まりとともに、本源需要としての交通にも注目が集まりつつある。

一方、都市計画学や交通計画学の分野では、古典的に、都市の物理的構成が、人々の活動に大きな影響を与えるとも考えられてきた。そのため、多くの論者は、都市のデザインにあたって、交通ネットワークや流動パターンを強く意識してきた（家田他、二〇〇四）。たとえば、アメリカに典型的に見られる、低密度でかつ広大な都市では、人々は自家用車を利用して、遠距離を移動せざるを得ない。すると、人々の生活様式は、自家用車を中心としたものになる。車中心のライフスタイルは、郊外型商業施設等の立地を促進させ、都市の構造を変化させる。それがさらなる自動車利用を生み出す。このように、都市のかたちが人やモノの動きを決め、さらに人やモノの動きをもとに都市のかたちがデザインされる、というように、都市と移動との間には、相互依存関係があると考えられる。昨今のモータリゼーションの進展は、地方都市の中心市街地衰退を招く原因とされており、これへの対処は喫緊の課題である。

さらに、人々の移動は、技術の進歩に、大きな影響を受けてきたことも、忘れてはならない。車輪の発明、馬車の発達、舗装技術の発展、橋梁やトンネルの技術開発、鉄道や自動車の発明など、人類は、これまで技術革新を通じて、常に、新たな都市交通システムを作り上げてきた。より早く、より遠くへ、より確実にといった人間の欲望と社会のニーズが、交通技術の進歩を促進してきた。ただし、近年では、社会のニーズに変化の兆しが見られる。環境意識の高まりや人々の絆の重要性の再認識によって、徒歩や自転車といった低速度の非動力型移動手段が再評価され、回遊や滞留といった移動の新たな側面が注目されつつある。

このように、一九八〇年代からのバブル崩壊、失われた一〇年を経て、わが国の都市内移動あるいは都市内交通は、新たな局面を迎えつつあると言える。今後、さらに交通市場を取り巻く環境条件の変化が起こり、わが国の都市交通システムは、大きく変容する可能性がある。そこで、本章では、我々の抱える都市交通の問題を整理した上で、将来の都市モビリティのシナリオを描くことを目指すこととしたい。

二．これまでの日本の交通システムの発展

戦後の日本の交通システムは、他の多くの先進国と同様に、急激なモータリゼーションの洗礼を受けた。日本のモータリゼーションは、一九六〇年代頃に始まったと言われる（(社)日本自動車工業会、一九八八）。一般大衆向けの車両が次々に販売される一方で、道路特定財源等の導入によって、高速道路や舗装道路の整備が急ピッチで進められた。戦後の高度経済成長に支えられ、自動車保有台数は、急激に増加した。自動車の普及により、人々のモビリティは飛躍的に改善され、輸送コストの減少により、各種産業の生産効率は向上した。さらに、これは、わが国の経済成長を加速させた。また、トヨタ、ホ

ンダ、日産といった国産の自動車会社が販売台数を着実に伸ばし、さらに世界各国へ輸出を進め、日本の基幹産業へと育っていった。二〇〇八年には、ついにトヨタが新車販売台数で世界ランキング一位となった（『朝日新聞』、二〇〇九）。

ところが、自動車交通の進展は、わが国にさまざまな社会問題を引き起こしている。

第一に、都市内の交通渋滞は、依然として深刻な問題である。国土交通省によれば、交通渋滞による損失時間は、平成一七年度で約三三・一億人時間にも達しており、特に都市部に渋滞が集中している（国土交通省道路局、二〇〇七）。

第二に、交通事故による死傷も重大な問題である。一九九四年以降、自動車交通事故死者数は減少傾向にあり、事故件数も近年は減少している（警察庁交通局、二〇〇九）。しかし、依然として年間七〇万件以上の事故が発生しており、さらに交通事故による死者および発生件数を減らす努力が必要である。

第三に、自動車の排ガスによって生じる地球温暖化が、世界的な問題となっている。**表4-1**は、日本の部門別二酸化炭素排出量を示したもの（環境省総合環境政策局、二〇〇九）であるが、二〇〇六年の運輸部門から排出される二酸化炭素量は、全体の一九・四％を占めている。運輸部門から排出される二酸化炭素のうち約九割が自動車に起因するものである。ま

表4-1　日本の部門別二酸化炭素排出量：各部門の直接排出量

部門	割合
エネルギー転換部門	30.4%
産業部門	30.5%
民生（家庭）部門	5.0%
民生（業務）部門	7.9%
運輸部門	19.4%
工業プロセス	4.2%
廃棄物	2.7%

た、二〇〇六年における自家用自動車からの二酸化炭素排出量は、一九九〇年と比べて、走行距離・車両の増加等によって四四％も増加している（国土交通省、二〇〇九）。京都議定書において目標とされた、二〇一二年度までに基準年である一九九〇年から六％の排出量削減という目標の達成に向けて、政策面、技術面双方からのさらなる努力が求められている。

さらには、自動車と都市との関係に目を向ければ、自動車社会到来によって、多くの都市において、郊外に大型ショッピングモールが出店し、かつては人々でにぎわっていた中心市街地が衰退しつつある。

このように、わが国では、戦後、自動車の普及によって、生活利便性が向上し、それとともに大きく経済成長を遂げてきた。しかし、その副作用は、とても大きなものであった。交通工学、交通計画、都市計画の分野では、問題解決のための多くの努力が行われてきたが、これらの問題は現在も依然として解決しているとは言えない。

三．今後確実に起こると思われる事象

今後、都市交通を取り巻く社会経済環境には、大きな変化が起こる可能性がある。それらは、これからの日本の都市や交通のあり方に深刻な影響を与えることが予想される。そこで、今後、確実にわが国に起こると思われる環境条件の変化をとりまとめてみる。

(一) 超高齢化社会の到来

わが国では、人類がこれまでに経験したことのない速度で高齢化が進んでおり、二〇五〇年には、三人に一人は老齢人口となると言われている(国立社会保障・人口問題研究所、二〇〇六)。これに対して、高齢者の生きがいや健康作りのために、高齢者の社会参加の維持・促進が大きな課題となることが予想される。そのために、これまで、高齢者をはじめとする移動制約者が円滑に移動するための対応が、公共交通施設のバリアフリー化等によって行われてきた。今後はさらに、都市全体として高齢者にとって過ごしやすい環境作りが行われることが予想される。

また、高齢者にとっても安全、安心に暮らせる交通環境整備が必要となる。二〇〇八年のわが国の交通事故死者数のうち、五〇・二%が六五歳以上の高齢者である(警察庁交通局、二〇〇九)。特に、歩行中の高齢者が交通事故に遭遇し死亡するケースが多く、六五～七五歳では四六・四%が、七五歳以上では六三・四%が歩行中に交通事故で死亡している。高齢化の進行によって、ますます高齢者の交通事故件数が増加する可能性がある。

(二) 地方自治体の財政状況の悪化

少子化の進行によって、二〇五〇年には、日本の人口は一億人を割り込む可能性があることが予測されている(国立社会保障・人口問題研究所、二〇〇六)。特に、地方部における人口減少が著しいことが予想される。高齢化も進行することから、将来、生産年齢人口が減少することがほぼ確実である。その結果、地方自治体の税収が減少するとともに、人々の購買力の低下を招き、地方自治体の財政状況が悪化することが予想される。また、自治体間の格差が拡大し、特に、高齢化および人口流出の激しい非都市部において財政破綻に陥る自治体が現れる可能性が高い。すると、バスや鉄道をはじめとする地方公共交通サービスの維持が困難となり、やむなく廃止されるケースが続出するであろう。その結果、小中学生や高齢者など、自動車免許を持たない交通弱者のモビリティが著しく低下する可能性がある。

(三) 地球環境問題に対する関心の向上

内閣府の二〇〇七年の世論調査によれば、地球の温暖化、オゾン層の破壊、熱帯林の減少などの地球環境問題に関心があるか、それとも関心がないか聞いたところ、「関心がある」とする者の割合が九二・三%(「関心がある」五七・六%＋「ある程度関心がある」三四・七%)、「関心がない」とする者の割合が七・三%(「あまり関心がない」五・九%＋「全く関心がない」一・三%)となっている。二〇〇五年の調査結果と比較してみると、「関心がある」(八七・一%→九二・三%)とする者の割合が上昇している(内閣府大臣官房政府広報室、二〇〇七)。ここから推察される限りでは、わが国においては、地球環境問題に対する意識はかなり高く、またさらに高まりつつある。実際、近年、わが国では、クールビズやリサイクルのような日常的な取り組みが、広く浸透してきている。また、自動車の利用を自粛するノーカーデー等のキャンペーン活動やモビリティ・マネジメント等を通じた環境教育も盛んに行われており、自動車が地球温暖化に与える影響が、一般の人々の間で、広く理解されるようになってきている。近年では、二酸化炭素排出量の少ない低公害自動車も着実に普及しつつあり、今後、自動車の環境負荷軽減に関するさらなる技術開発が望まれていると言えるだろう。さらに、最近では、ハリケーンや台風が多発したり、それによる洪水や高潮等の被害が世界各地で発生したりしているため、マスコミを通じて地球環境問題が頻繁に取り上げられている。こうしたマスコミの影響も通じて、今後とも地球環境問題に関する社会的な関心が高まることが予想される。

（四）情報通信技術（ICT）の一層の発展と普及

インターネットや携帯電話の普及は、我々の生活を一変させた。当初は、これらの情報通信技術の発展が、在宅勤務者を普及させ、通勤交通需要を削減させたり、あるいは、携帯電話の普及により、交通発生を減少させたりする可能性が期待されていた。しかし、現時点までにおいて、情報通信技術による交通需要の明確な削減効果は確認されていない（Salomon, 2000）。米国でも、在宅勤務による車両台キロの削減効果は、一％にも満たないことが報告されている（Mokhtarian, 1998）。ただし、さらに高度な情報通信技術が開発され、広く社会に実装されれば、いずれは、交通に対する代替機能を発揮することも期待できる。

一方で、料金自動徴収システム（ETC）や、携帯端末を活用した地図案内システム、カーナビゲーション機器による経路情報案内システム等の普及によって、人々の移動の効率性、安全性は格段に向上しつつある。今後、さらに高度情報交通システム（ITS）の発達と普及が進めば、道路・公共交通のインフラや、歩行者、自転車など移動者の利便性が格段に向上することも期待される。

四．将来の見通しが不確実な事象

次に、将来の見通しが不確かな現象を挙げてみる。ここで挙げられるものがすべてではない、という点を強調しておきたい。

(一) 車両に関わる新技術の開発・普及状況

電気自動車は、ガソリンで走る自動車と違って、エネルギー効率が高いことから、二酸化炭素の排出量が少なくてすむという利点がある。それに、自動車から排ガスが出ないので、人体に有害なガスの排出もなくなる。たとえば、トヨタはプラグインハイブリッドを環境対応における将来のコア技術として開発を続けている(トヨタ自動車、二〇〇七)。また、三菱自動車は電力会社と協力して、電気自動車の初の大量生産販売に踏み切った(三菱自動車、二〇〇六)。これらが、既存のガソリン自動車と遜色なく、長距離かつ高速度で走行できるようになれば、一気に自動車マーケットが変動する可能性はある。ただし、電気自動車は、電池やモーターの技術開発がどの程度進むか次第で、その普及の程度は大きく異なることが予想される。また、近年は、水素等を活用した燃料電池自動車の開発も進められている。ただし、水素の貯蔵や供給、車載性、利便性とともに、燃料電池スタック自体の性能、信頼耐久性、コスト低減等についてもまだ克服すべき点が多く、国からの支援をもとに継続的に研究開発を行うことが必要な状況にある（大聖、二〇〇八）。このように燃料電池自動車の実現は、その研究開発の速度に大きく依存することから、将来の不確実性はかなり高いものと考えられる。

（二）都市のコンパクト化の進行程度

現在、多くの都市において、自動車交通中心の生活スタイルの普及、郊外大型商店開発等のマイカー依存型の低人口密度の都市構造の進展、公共交通需要の減少による公共交通サービス水準の低下という、三つの現象が相まって発生し、いわゆるモータリゼーション・スパイラルが発生している（北村、二〇〇二）。そして、人口密度の低い大都市では、自動車交通による移動距離が増大し、自動車交通によるエネルギー消費量の増加、ある

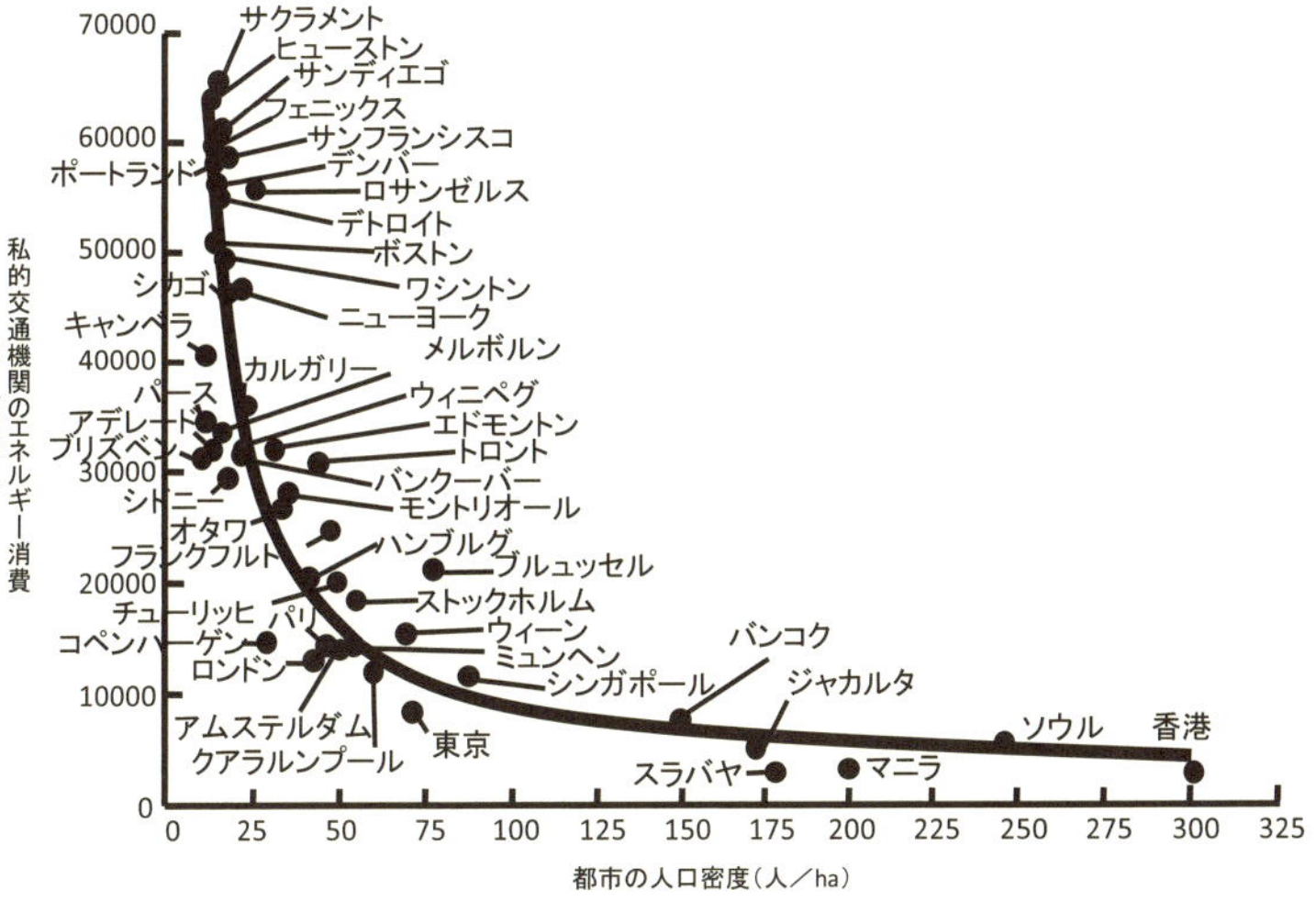

図4-1　世界主要都市の人口密度と私的交通機関のエネルギー消費量との関係

いはその結果として二酸化炭素の排出量が増大する傾向にあることが指摘されている。図４‐１で示されるように、アメリカを中心とする人口密度の低い都市では、自動車利用によるエネルギー消費量は圧倒的に多い一方で、アジアを中心とする人口密度の高い都市では、自動車利用によるエネルギー消費量は低い（Newman and Kenworthy, 1999）。さらには、人口減少下における拡散した都市構造は、ネットワーク型インフラ（上下水道や電送線、ガス等）の維持管理コストが高くなることから、財政負担も増加させる原因となっており、地方自治体にとっては深刻な問題となっている。

この悪循環を断ち切るための一つの方策として、土地利用の側面から都市のコンパクト化を進めることが有効であるといわれている（海道、二〇〇一）。しかし、郊外地域の計画的縮退は、既存の郊外居住者からの合意を得ることが困難である可能性が高いと言える。また、日本の都市計画制度が、都市構造をコントロールできる強制力を持てるかどうかも疑わしい。したがって、これらの条件次第によっては、都市のコンパクト化がどの程度進行するかが不明確である。

（三）公共交通を基軸とした都市交通システムの実現性

自動車利用を削減させる方法の一つとして、バス、バス・ラピッド・トランジット（ＢＲＴ）、ライト・レール・トランジット（ＬＲＴ）、鉄道等の公共交通システムの導入、改良、維持によって、公共交通の魅力を向上させ、自動車から公共交通へのモーダルシフトを促すものが挙げられる。国土交通省の二〇〇六年度のデータ（国土交通省ホームページ）によれば、一人が一キロ移動するときに排出される二酸化炭素量は、自家用乗用車が一七二（g－CO_2）であるのに対し、バスでは五一（g－CO_2）、鉄道では一八（g－CO_2）となっている。したがって、公共交通の利用を促進することにより二酸化炭素の排出量の大幅な削減が期待できる。また、自家用車から高容量の公共交通手段への転換によって、道路空間がより効率的に活用され、交通渋滞の削減に寄与することも期待される。

ただし、公共交通システムの導入や改善には多大なコストが必要であるため、民間企業の投資能力では、その実現が困難なケースが多い。そのため、多くの場合、公的資金の導入が必要となる。仮に、税金が投入される場合には、その社会的合意形成が不可欠であるが、公共交通サービスの必要性に関する認識は、人や地域によって異なる。そのため、社会的合意の実現可能性は、不透明と言わざるを得ない。

写真4-1　近年、多くの都市において導入されつつあるBRTシステム

（インドネシア・ジャカルタ市；撮影・加藤浩徳）

また、ロード・プライシング、公共交通と連携したカーシェアリング等の交通需要マネジメント（TDM）施策（太田、二〇〇七）や公共交通の停車駅を中心として高密度な土地利用を目指す公共交通指向型開発（TOD）の導入（中村、二〇〇六）も、モーダルシフトを誘導できる可能性がある。近年、シンガポールやロンドンでは、混雑料金制度が導入され、都市内の自動車交通量削減に効果をあげている（闞・庭田、二〇〇七）。しかし、その導入には、長期間にわたる慎重な議論が不可欠であり、議論の結果、香港のように導入に失敗するケースもある（山内、一九八九）。移動や土地利用形態の規制に、どの程度社会的合意が得られるかは不明確と言わざるを得ない。

写真4-2　最近注目を浴びつつあるカーシェアリング・システム
(スイス・チューリッヒ市；撮影・加藤浩徳)

（四）将来の公共交通システムの計画・運用の制度

公共交通サービスの運営が、誰によって担われるかも、重要な問題である。一つの方向性は、民間主導型の公共交通システムである。ここでは、比較的緩やかな産業規制の下において、企業間の競争を通じて、高いサービス水準が達成されることが期待されている。たとえば、わが国の乗合バス市場は、二〇〇二年に規制緩和され、市場競争原理導入による運営の効率化が図られた。ただし、その一方で、路線バス衰退の加速、赤字路線廃止、利用者不在の競争等が懸念されている（寺田、二〇〇五）。もう一つの方向性は、地方自治体が直接公共交通を運営したり、自治体の計画に基づいて補助金入札等を通じ、民間企業に運営を委託したりする、行政主導型の公共交通システムである。たとえば、英国のロンドン以外の地域では、乗合バスの補助金について入札制度が導入されている。また、需要の見込めない生活路線では、地方交通計画に基づいて契約が結ばれることもある（寺田、二〇〇二）。ただし、当然ながら、自治体の費用負担増大が懸念されるため、利用者を含めた一般市民からの合意形成が重要である。

今後、わが国の都市において、公共交通サービスがどのような仕組みで運営されるのかは、当該都市の公共交通サービス水準や税負担に大きな影響を及ぼすことが予想される。しかし、それは、その地域の社会経済動向や自治体の財政状況に依存して決定されると考えられる。わが国の都市が、どのような判断を下すのかは不透明な要素の一つである。

五．都市と交通に関するシナリオ

以上で見てきたように、不確かな現象が、将来どのように実現されるのかによって、さまざまな将来ケースが想定される。それらの中から、ここでは、次の二つのシナリオを設定してみることにする。

（一）シナリオ一：公共交通中心型都市モビリティ

まず、都市内の特定地域や時間帯において、自家用車利用の環境的・社会的コストを考慮した、ロード・プライシングの導入や、自動車保有税の引き上げがなされ、自家用車の保有、利用が制限される。一方で、自家用車に対する課金・課税から得られた収入を用いて、行政主導により、ＬＲＴをはじめとする、都市内公共交通サービスのための新規設備投資・改善、維持管理の強化が、全国的に導入される。情報通信技術（ＩＣＴ）の進展により、公共交通サービスにおける目的地情報提供、乗換支援、運賃収受、統合的なスケジュール管理等のサービス改善が行われ、乗り継ぎ等も含めた公共交通の利便性が、飛躍的に向上する。また、従来、交通産業と無関係だった民間企業が、都市内公共交通市場に順次参入し、公共交通を軸とした総合都市サービスが提供される。行政主導の交通・都市のマネジメントが行われ、そのなかでは、行政の管理下における民間事業者間競争が導入され、サービスの効率化が実現する。自家用車から公共交通へ大規模なモーダルシフトが起こり、エネルギー消費、二酸化炭素排出の少ない交通システムが実現される。

次に、行政主導の土地利用計画によって、郊外部の商業・住宅開発が強く制限される一方で、中心市街地の再開発や土地の混合利用等が促進される。特に、公共交通の駅やターミナルを中心として、各種公共サービス施設や商業施設の開発が活発に進められる。その結果、居住地、職場、商店街、公共施設の空間的な相互関係が改善され、中心市街地に活気が取り戻される。都市内での平均移動距離が大幅に縮減され、徒歩が中心的な都市交通手段となる。それに呼応して、豊かな歩行空間が形成され、街なかを人々が回遊、滞留するためのヒューマンスケールの開発が進められる。また、緑地を適度に残しつつ、比較的高密度な住宅地が形成され、伝統的な地縁や人と人とのふれあいが戻り、賑わいのある街が醸成される。近隣での相互扶助が当然となるとともに、行政主導により、高齢者や障害者等の社会的弱者に対する手厚い保障制度が導入・実施される。ワークシェアリングが普及し、失業率は低下する。

行政主導の各種社会政策実施のために、都市居住者の税負担は、北欧諸国並みかそれ以上に増加する。内需をベースとする国内向け産業が中心となり、安定的な低経済成長が持続される。国際市場からかなり分離された独自の国内市場が形成され、日本は、国際社会から孤立気味になる。都市内では、近隣の相互監視が強化され、治安維持のため、各個人の行動が情報通信技術（ICT）を駆使してトラッキングされるようになる。また、都市居住者が急増するため、農業従事者が減少し、その結果として、食料は他地域からの輸送、輸入に頼らざるを得なくなる。必然的に、国全体としての食糧自給率は低下する。日本全体としては、国土の均衡ある発展が維持され、地方都市もそれなりの人口規模を維持する。

(二) シナリオ二：個人交通中心型都市モビリティ

まず、プラグイン電気自動車の技術開発が飛躍的に進み、長距離かつ高速度での走行が可能となる。技術開発の動向を見た電気会社が、電気料金の定額料金システムを導入したところ、プラグイン電気自動車が爆発的に普及する。次に、環境を重視する国内の自動車ユーザーのニーズ変化に対応して、自動車会社は、燃料電気自動車の開発を加速させる。世界各国の市場においても、環境負荷の少ない燃料電気自動車への注目が集まり始め、先進的な開発を進める日本の自動車会社は、低公害自動車の輸出により大きな利潤をあげる。また、世界の低公害自動車市場をリードするなど、わが国のものづくり産業が次々と世界進出し、日本経済および世界経済を牽引する。一方で、自動車利用者や高齢者の増加に呼応して、ＩＴＳ技術を駆使したハイテク道路ネットワークが都市内に整備され、交通事故がゼロに近づく。

次に、各都市においては、自動車利用を前提とした分散型の居住構造が加速される。情報通信技術（ＩＣＴ）を用いた高水準コミュニケーションの実現により、在宅勤務やテレビ会議が広く普及し、通勤・業務交通需要が激減する。同様に、自宅におけるネット上での買い物が当たり前となり、買い物交通需要も激減する。さらに、インターネット等を介して、国内外の人々とのグローバルで自由な交流が図られるようになる。人々は、低密度の住宅地において、緑溢れる庭のある広い敷地の住居に居住し、電気自動車を活用した自由な移動と自由きままな生活とを楽しむ。個人での移動が中心となることから、個人向けのさまざまなサービスの開発が進む。特に、上下水や電気等のこれまでネットワーク型インフラに依存していたサービスが衰退し、各居住地域において独立して浄水、発電等が行える技術が普及する。

人々は、食糧を確保するために、各自、家庭菜園に励むようになり、地産地消が進むようになる。

なお、都市内公共交通市場は、大幅に規制緩和され、民間企業が採算ベースで公共交通サービスを提供する。海外の事業者にも門戸が開かれ、東京をはじめとする大都市では、外国資本の企業によって公共交通サービスが運営されるようになる。ただし、ほとんどの地方都市では、人口減少によって、公共交通サービスの採算性は著しく低下し、地方財政悪化も伴って、公共交通への投資、補助金は削減される。その結果、多くの中・小都市において、公共交通サービスが消滅する。なお、拡散居住により、居住地間の距離が増大するため、都市内の物流コストは上昇する。

都市居住者の税負担は、現在と大きく変化しないが、行政は、治安維持や安全向上等の基礎業務に集中的に予算配分するようになる。自動車をはじめとする高度な技術開発によって、工業生産が飛躍的に増加し、高い経済成長を維持する。一方で、世帯間の所得格差が拡大し、失業者が増大する。生活に困窮する低所得者層が都心部に集住し、スラムを形成する。自動車利用を前提とする郊外大型商業施設が多数建設される一方で、中心市街地は衰退し、都心部の治安は極端に悪化する。日本全体としては、大都市に人口が集中し、地方都市は衰退する。東京は、アジアの中心的な都市として大きな発展を遂げる。

(三) 二つのシナリオの比較

以上の二つのシナリオでは、想定されている都市の様子は、かなり異なる。そこで、持続可能な交通システムを議論する際に、しばしば用いられる、「環境」、「経済」、「社会」という三つの観点から、両シナリオを比較してみよう。

第一に、環境について見ると、いずれのシナリオも、地球環境負荷に対しては、深刻な問題を及ぼさずにすむ可能性がある。シナリオ一では、公共交通へのモーダルシフト、シナリオ二では、電気自動車の普及によって、それぞれ自家用車で消費される燃料や二酸化炭素排出量の削減が図られる。ただし、シナリオ二において、最終的に、水素を燃料とする燃料電池自動車の普及を念頭に置くならば、水素の製造を石油や天然ガス、石炭等の化石燃料に依存する限り、二酸化炭素の削減効果は大きくない（大聖、二〇〇八）ので、シナリオ一よりも、環境負荷が大きくなる可能性がある。

第二に、経済について見てみると、シナリオ一では安定的な低経済成長が維持される一方、シナリオ二では技術立国の実現による高経済成長が実現する。ここで、シナリオ一では、政府が多くの市場に直接・間接的に介入するため、企業の自由な活動が妨げられるだけでなく、非効率なマネジメントが行われる危険性がある。次に、主要産業について見ると、シナリオ一では、おもに内需をベースにした国内産業が発達すると考えられている一方で、シナリオ二では、高水準の技術に立脚する高付加価値製品の輸出産業が発達すると考えられている。ただし、シナリオ二では、世界経済の影響を直接的に受けるため、他国において経済不況が発生すると、致命的なダメージを受けるリスクがある。

最後に、社会について見てみると、シナリオ一では、相互に監視する目が光り、自由が拘束される反面、社会保障システムの導入等によって格差の小さい社会が実現すると考えられている一方で、シナリオ二では、個人の自由が重視されるものの、社会格差が大きくなり失業者や低所得者が多数社会に出現すると考えられている。また、シナリオ一では、わが国固有の伝統に根ざしたコミュニティが形成され、近隣におけるコミュニケーションが中心となるが、シナリオ二では、インターネット等を使ったバーチャルなコミュニケーションによって、近隣にとどまらず、グローバルな交流が実現される。シナリオ一では、プライバシー確保が大きな社会問題となる一方で、シナリオ二では、経済的な格差が大きくなるために、不安定な社会が形成される可能性がある。

以上の比較から、仮に他国の事例との類推をするならば、シナリオ一の公共交通中心型シナリオはヨーロッパ型社会、シナリオ二の私的交通中心型シナリオはアメリカ型社会と呼べるかもしれない。あるいは、前者は保守主義的、後者は進歩主義的と分類することもできるかもしれない。なぜならば、前者では、「私」ではなく「義」が、「勝ち負け」ではなく「和」を是とする日本的な価値が中心に置かれているのに対し、後者では、「自由」と「資本主義」を中心とするグローバリズム的な価値を念頭に置いているためである。

六．おわりに

本章では、日本の都市における交通の発展経緯を簡単にレビューした上で、今後の方向性を荒っぽくではあるが、概観した。ただし、最後で示された二つのシナリオは、極端な状態の思考実験をしてみたにすぎない。実際には、これらのどちらかが起こるというよりも、その一部が部分的に生じてくるものと思われる。より重要であるのは、これらは、これから目指すべき都市・交通の理想像、あるいは価値の対立を表していると考えられる点である。したがって、どちらかが実現するか、というよりも、どのような社会的価値を持って、日本の都市や交通を築いていくべきかが考えられるべきなのであろう。

参考文献

『朝日新聞』二〇〇九年一月二二日付。

家田仁・岡並木・国際交通安全学会都市と交通研究グループ（二〇〇四）『都市再生―交通学からの解答』学芸出版社。

太田勝敏（二〇〇七）「交通需要マネジメント（ＴＤＭ）の展開とモビリティ・マネジメント」*IATSS Review*, Vol.31, No.4, pp.303-309.

海道清信（二〇〇一）『コンパクトシティ―持続可能な社会の都市像を求めて』学芸出版社。

環境省総合環境政策局編（二〇〇九）『平成二一年度環境統計集』日本統計協会。

北村隆一（二〇〇一）『ポスト・モータリゼーション―二一世紀の都市と交通戦略』学芸出版社。

警察庁交通局（二〇〇九）「平成二〇年中の交通事故の発生状況」。

国土交通省ホームページ（http://www.mlit.go.jp/sogoseisaku/kankyou/ondanka1.htm）。

国土交通省（二〇〇九）『国土交通白書二〇〇九　平成二〇年度年次報告』ぎょうせい。

国土交通省道路局（二〇〇七）『平成一八年度道路行政の達成度報告書・平成一九年度道路行政の業績計画書』。

国立社会保障・人口問題研究所（二〇〇六）『日本の将来推計人口（平成一八年一二月推計）』。

關哲雄・庭田文近（二〇〇七）『ロード・プライシング―理論と政策』勁草書房。

大聖泰弘（二〇〇八）「自動車の環境・エネルギー技術に関わる将来展望」*IATSS Review*, Vol.33, No.3, pp.269-274.

寺田一薫（二〇〇二）『バス産業の規制緩和』日本評論社。

寺田一薫（二〇〇五）『地方分権とバス交通―規制緩和後のバス市場』勁草書房。

トヨタ自動車（二〇〇七）二〇〇七年七月二五日付 トヨタ自動車ニュースリリース。

内閣府大臣官房政府広報室（二〇〇七）『地球温暖化対策に関する世論調査、世論調査報告書平成一九年八月調査』。

中村文彦（二〇〇六）『バスでまちづくり―都市交通の再生をめざして』学芸出版社。

（社）日本自動車工業会（一九八八）『日本自動車産業史』日本自動車工業会。

三菱自動車（二〇〇六）二〇〇六年一〇月一一日付 プレスリリース。

山内弘隆（一九八九）「香港の道路事情―見送られたＥＰＲ」『道路交通経済』第八九巻七号、三九－四七頁。

ル・コルビュジエ（一九七六）『アテネ憲章』（ＳＤ選書一〇二）鹿島出版会。

Hanson, S. and Giuliano, G. (2004) *The Geography of Urban Transportation*, Guilford Press.

Mokhtarian, P. (1998) "A Synthetic Approach to Estimating the Impacts of Telecommuting on Travel," *Urban Studies*, Vol.32, No.2, pp.215-242.

Newman, P. and Kenworthy, J. (1999) *Sustainability and Cities: Overcoming Automobile Dependence*, Island Press.

Salomon, I. (2000) "Can Telecommunications Help Solve Transportation Problems?," Hensher, D. A. and Button, K.J. (eds.), *Handbook of Transport Modelling*, Pergamon, pp.449-462.

第五章　食と農

山口健介・木下理英

一．食と農の未来——経済的には小規模でも大きな社会的影響

「食」の安全や派遣労働者の就「農」など、「食と農」に関わる社会の動きは、近年ますます活発である。食・農の未来を探索することで、社会の変化の重要な側面に示唆を得ることができよう。

まず、経済的な側面について食産業の市場規模を見てみよう。食産業は国内総生産額の約一割を占め、さらにそのなかの一割程度が農林水産業の占める割合である。すなわち、農林水産業の国内総生産額に占める割合は僅か一％ということになる。経済面での絶対的な規模は小さい。

にもかかわらず、政治的に見れば、農業は大きな影響力を持ってきた。この背景には、戦後の政治体制において、自由民主党の主要な支持基盤であった事実がある。さらに、社会的な側面に目を向けると、

「国土利用の形態」や「住まい方」等を規定するため、波及的な影響力が大きい。

波及的な影響力は「農」だけでなく、「食」にも見られる。昨今、食育という言葉をよく耳にするが、その概念の産みの親である石塚左玄は明治二九年に出版した『化学的食養長寿論』において、「体育智育才育は即ち食育なり」と述べ、食の波及的な影響を強調している（石塚、一九八二）。

未来の社会像を考えるとき、「食と農」の切り口は欠かせない。本章では、その未来を探索してみることとする。

二．日本の農業の規定要因――農地、担い手、食のあり方

図5-1に見るように、日本の農業では、昭和三六年を境にして経営耕地面積は右肩下がりであり、同時に農業従事者の減少と高齢化が進行してきた。有効活用されている土地と人は少なく、農業構造の脆弱化が明らかである。

ここでは、日本農業の主たる構造的な規定要因として、三つの課題を掲げたい。第一の課題は面的集積による農地の効率的な利用である。たとえば、日本の農家一戸当たりの平均耕地面積は一・八haであり、米国の約一〇〇分の一、ＥＵの約一〇分の一、そして豪州と比べれば約二、〇〇〇分の一しかない。

今日、この問題が顕在化しているのが土地利用型の農業である稲作である。たとえば**図5-2**を見てみると、野菜より米において生産額の減少は相対的に大きい。これは、面的集積が進まないことによる

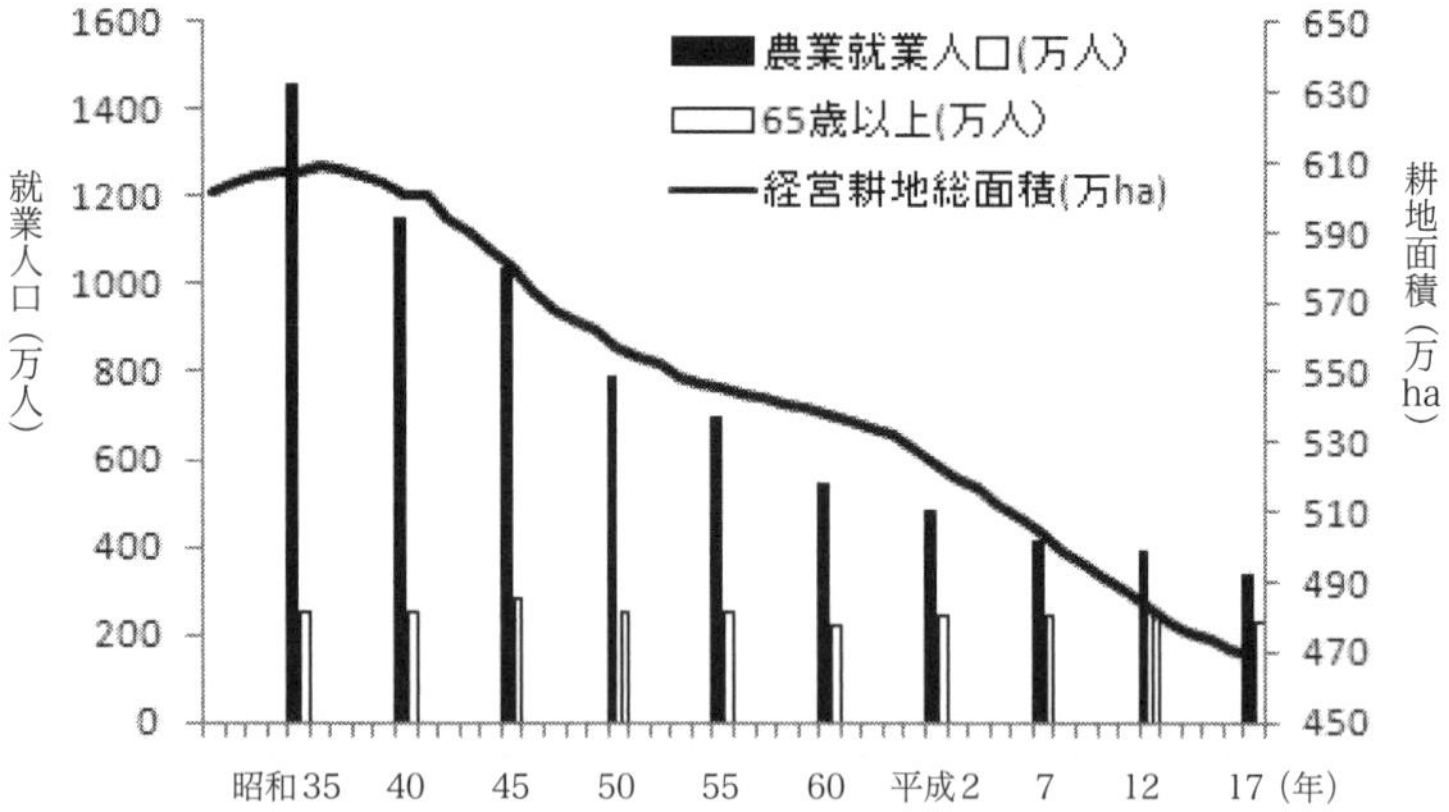

図5-1　農業就業人口と経営耕地面積の移り変わり

出所：農林水産省「農林業センサス」、「耕地及び作付面積統計」

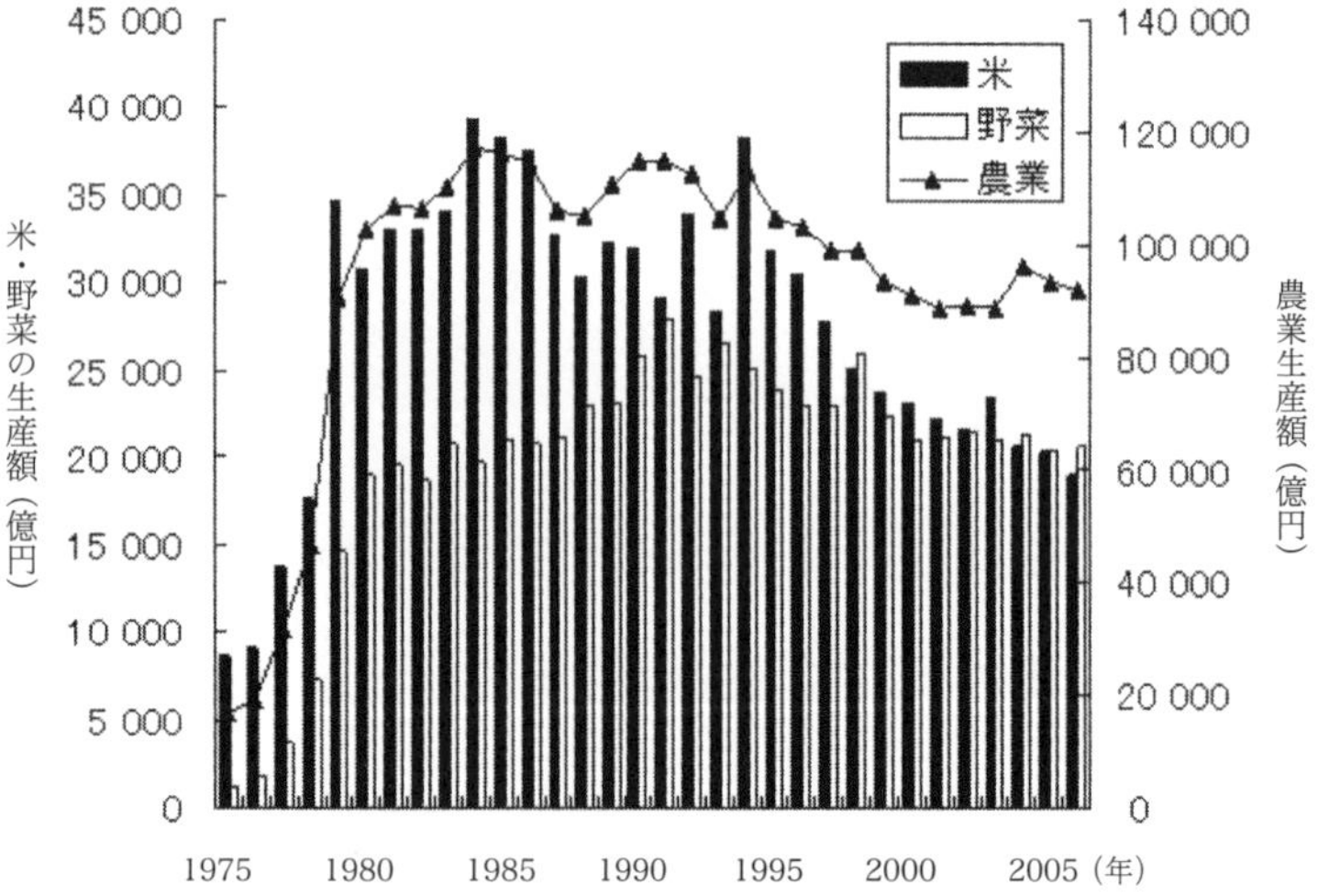

図5-2　部門別農業生産額の推移

出所：農林水産省大臣官房統計部、（各年度）『農林水産省統計表』

悪影響が、野菜以上に米で顕在化した結果とも考えることができる。もちろん、同様の問題が野菜の生産でも顕在化する場合があり、農地の効率的な利用は日本農業全体に通じる課題である。

第二の課題は、担い手不足である。現在担い手のない野菜生産について顕在化している。圃場整備が進み、耕うん機などの導入がなされた稲作と異なり、野菜の生産は労働集約的で手間がかかる。そのため、農家の過半を占める零細兼業農家が、片手間に従事するのが困難である。そこで若い世代の主業農家に比較的依存する構造となっているが、こうした就農形態をとる農家の絶対数は限られる。

もちろん、稲作の生産性向上においても担い手不足は障害となりうる。稲作では昭和一桁世代を含む高齢者の営農が顕著であり、さらに若年層の新規就農も少ない。そこで将来的に稲作における

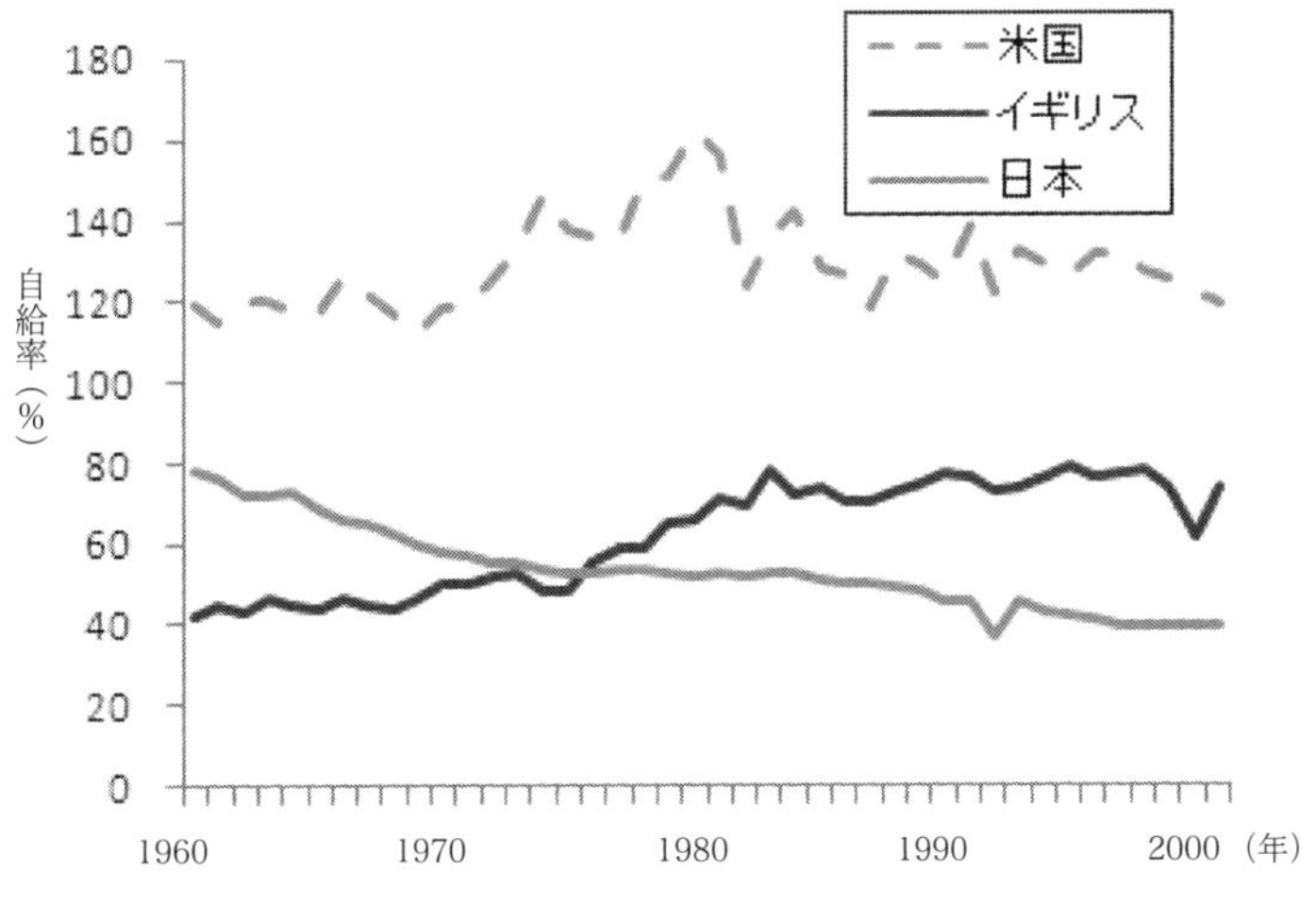

図5-3　食糧自給率（カロリーベース）の推移

出所：農林水産省「食料需給表」；FAO "Food Balance Sheets"

人手不足は顕在化するだろう。このように、農地と同様、担い手もまた日本農業全体に通じる懸念事項である。

第三の課題は、食の変化の農業への影響である。図5-3のように、日本の自給率の低下は米国や欧州と比べて著しい。生源寺（二〇〇八）によれば、一九六五年度から一九九九年度までのカロリーベースの自給率の低下幅三三％のうち、二一％は「主として食生活面によるもの」とされている。すなわち、食生活の急速な洋風化が国産米をはじめとした国産食品を食べなくなった主因であるという。他方で、私たちが普段思いつくような「主として生産面の要因」は一二％にとどまる。

食生活面の要因に関して、「国内」の食生活が主たる要因である。現在、一次産品の輸出額は四千億円弱であり、農業総産出額の僅か二〇分の一ほどしかないからである。たしかに、農林水産省の『二一世紀新農政二〇〇七』では二〇一三年の農林水産物・食品の輸出額を一兆円規模とする目標が立てられ、海外展開は今後活発になることが予想される（農林水産省、二〇〇七）。しかし、目標輸出額を達成してもなお、主たる出荷先は国内市場である。

三．将来において確実な事象と不確実な事象

食と農の未来における確実な事象と不確実な事象を探ってみよう。以下では、第二節で述べた三要因を敷衍して、政治のあり方、農業経営のあり方、食のあり方の三つの側面から考察することとする。

（二）政治のあり方

課題の所在

農地の問題を敷衍すると、農政の問題ということになる。農政に関連する課題としては、次の三点が指摘できる。第一に食管制度と農地制度に支えられた戦後農政を背景に、日本の農地がほとんど集約化されてこなかった点である。今後もこの傾向を継続するか否かは重要な政治的論点である。

この集約化の遅れは、現在の農地法の下で農地転用が実質的に可能なことに起因するとも言われる。神門（二〇〇六）によれば、農地転用による売却益を目的とした零細農家の農地保持の実態は無視できない。ここでは、転用売り抜けを期待する零細農地が散在して、面的集積が進まないという構造的な問題が生じうる。

第二に、国内の中でも平地と比べて不利な地理的位置にある中山間地に対する補助のあり方も政治のあり方と関わる。こうした条件不利地域での営農に対する補助金政策の是非をめぐる議論は、農政における、農業の多面的機能の認識や取り扱いにも大きく依存する。

第三に、国際的規律の動向も重要な政治のあり方の一側面である。ＷＴＯ（World Trade Organization: 世界貿易機関）では貿易を歪めることがないよう、関税等の削減を求めるとともに、各国の国内の農業政策についても制約を課している。日本はＷＴＯ交渉において、コメの関税化を余儀なくされた後、高関税を維持する代償としてミニマムアクセス米を一定程度輸入してきた。米国やＥＵ（European Union: 欧州連合）

は関税障壁や価格支持といった政策から、直接支払いへと保護政策の転換を終えている。この流れで国際農業交渉が妥結すると仮定すれば、日本のコメ保護農政は変革を迫られる。

確実な事象と不確実な事象

確実な事象は、関税・生産調整による稲作農家保護の程度の低下である。ＷＴＯ農業交渉の妥結は時間の問題と考えられる。また、ＥＰＡ（Economic Partnership Agreement: 経済連携協定）など二国間交渉を進める際の大きな障害が高関税農産品の扱いとなっており、国内外から開放の圧力は弱くない。早晩、農家への直接保障に切り替えざるを得ない。

さらに、この政策転換を促進させるのが、ミニマムアクセス米の問題である。農業市場開放を迫る外圧に対して、これまでは高関税でコメを守る見返りに、ミニマムアクセス米の積極的な受け入れで日本政府は対処してきた。しかし、こうした対処は、事故米の不正転売で明るみに出たコメ流通の混乱を助長させかねない。見直しは不可避と思われる。

保護貿易の退行を背景に、農地の面的集積が促進する可能性がある。保護の程度が弱まり、安価な輸入米との競争を余儀なくされることで、競争力のある国産米が求められるようになる。「規模の経済」（Economics of Scale）を活かした農地活用の重要性は増すと思われる。

言うまでもなく、面的集積には、現状のポリティクスの変容を伴う、一定の政治的不確実性が残る。これまで集積が進んでこなかった背景には、現行農地法における零細農家の過剰な転用期待があった。

これを克服するには農地法の改正を通して転用期待を低減することが不可避である。

このように既得権の変容が迫られる一方、変容に対する保守勢力の抵抗自体は弱まることが予想される。と言うのも、現状のポリティクスの源泉であった零細農家の高齢化が非可逆的に進行するからである。ただし、山下（二〇〇九：一三七）が指摘するように、保守勢力はこれまでも「農業勢力が弱体化することで、…（中略）…ますます強固・濃密になって」きた事実がある。このようにして、保守勢力はポリティクスの変容に抗うよりも、変容のなかで権力を保持し続ける道を探ると考えられる。

このように、権力の所在は大きく変わらないかもしれない。しかし、現状で障害となっているポリティクスの在りようは変容する。これを背景に面的集約化に関する政治的な不確実性は薄れてゆく。

他方で、農業の多面的機能は、その評価の程度について不確実性が残る。中山間地等直接支払い制度がその根拠の一つを多面的機能とすることに象徴されるように、多面性の評価は中山間地の今後に直結する。ひとたび、WTOにおける農業交渉が妥結すれば、中山間地における営農存続のために、より多額の補償が必要となろう。補償の根拠の一つともなる多面的機能の評価は、未だ不確実な部分である。

（二）経営のあり方

課題の所在

担い手不足という課題を敷衍すると、農業経営の問題になる。経営に関するリスクは、その多くの部分をこれまでは農協が負ってきた。今後、農業交渉が進展し経済事業における農協の後退が継続すれば、個別農家にとって経営リスクは増大する。今後、重要性を増す農業経営における課題を、ヒト・モノ・カネの三側面から探ってみよう。

まず、ヒトの側面に関しては、労働者および経営者の確保を指摘したい。労働者については、定年・青年帰農などの傾向とともに、特に都市近郊で新規就農者が増加しているものの、担い手不足を解消するには至っていない。これは、新規就農者の受け入れ態勢が整っていないこともその原因の一つである。経営者については、とりわけ販売面でその手腕が求められる。これまでの農業では、需給のギャップから生じるコストを農協が負担することで、作った量を市場規模と関係なく出荷する農協依存型のビジネスモデルが成立した。農協依存を脱したビジネスとして成長するためには、市場動向を反映した生産・流通をしてゆく必要がある。しかし、現状では、こうした能力を備える企業家精神あふれる農業経営者が不足している。労働者の量的な確保に加えて、質の高い農業経営者の調達ニーズは、今後顕在化する。

次に、モノについて考えると、農業の物的資源は根源的には土地と水である。これらの合理的な利用が望ましい。輸送技術が発達した現在、食料輸送の技術的制約は小さくなっている。そこで中国などで生産して輸入する選択肢――開発輸入――もある。他方で、灌漑用水の確保等に配慮すれば国内で作るほうが有利かもしれない。このように農地の場所が論点となる。

最後に、カネについて考えると、農業分野への投資家・投資機関の動きが重要になる。これまで、農業分野の融資は規制が厳しく、農林中金や信連などＪＡバンクが中心となって行ってきた。しかし、これらの機関の貸出金残高は近年減少している。特に二〇〇二年のＪＡバンク法施行を機に、農林中金による有価証券への投資額は貸出金を上回っているのである。逆に法人化が進む農業経営体に対する金融庁の後押しを背景とした地域密着型金融の動向は活発になっている。

確実な事象と不確実な事象

短期的に見れば、都市銀や地銀による農業法人等への資金流入の増加傾向は維持される。これまで、農業金融の大部分を担ってきた農協や農林公庫における貸出金残高の減少は、**図5-4**からも明らかである。短期的には経済危機による信用事業の打撃、長期的には会員数の減少により、貸出金残高は今後も減少する。農協・農林公庫のなかには、融資におけるノウハウ提供を通した業務提携を地域金融機関と行うところも現れ（**表5-1**）、系統金融機関以外による融資は質・量ともに改善している。

こうした融資の継続性は、投資の経済性に依存するもので、一定の不確実性を伴うものではある。だが、少なくとも短期的には、農林水産長期金融協会の『農業法人

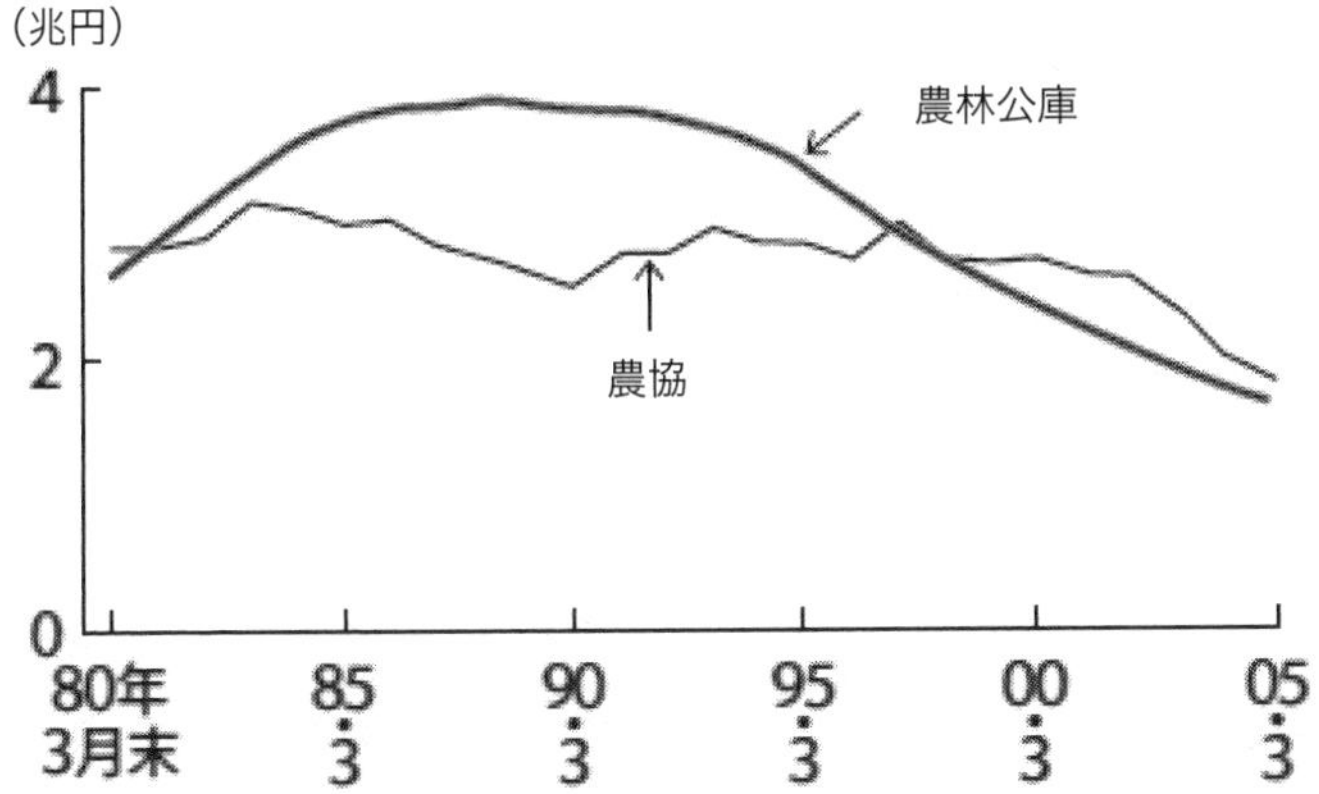

図5-4　農協（推計値）、農林公庫の農業貸出金残高の長期推移

出所：長谷川（2006）

向け融資における実態調査報告書』でも報告されているように、資金流入は増加する（農林水産長期金融協会、二〇〇七）。

モノについては、生産する場所が論点であった。柴田（二〇〇七）によれば、今後の日本のフードシステムにおける原料供給のあり方は次の二パターンに収束する。一つ目は、「中小企業を中心とした国内における原料調達システム」である。平成二〇年に農林水産省や経済産業省を主務官庁として、農商工等連携促進法が施行された。支援を担保する法的枠組みが整備されたことにより、地場における食料産業クラスターの形成は今後活発化する可能性は高い。有機的な連携は、食品産業の品質管理能力、市場の動向を反映したマーケットイン型の農産物生産、地域ブランド形成によるプレミアム創出など、多面的な便益が期待される。

二つ目のパターンは、「大量の原料を必要とする大手食品企業、外食・中食産業による原料調達システム」であり、この場合「国内農業との結びつきは低下し、海外のフードシステムとの連携」が強まる方向性が考えられる（柴田、二〇〇七）。たとえば、

表5-1　農林公庫と都銀、地銀、第二地銀、信金との業務提携の状況

	合計	都銀	地銀	第二地銀	信金
北海道	5		1	2	2
東北	17		10	3	4
関東	12	4	5	1	2
中部	19		8	3	8
北陸	7		6	1	
近畿	13		3	2	8
中国	15		5	2	8
四国	11		4	4	3
九州・沖縄	13		7	4	2
全国	112	4	49	22	37

出所：長谷川 (2006)

異業種大手メーカの農業参入や撤退の現状を見てみよう。トヨタやＪＦＥスチールのような新規参入の動きがある一方で、オムロンやユニクロのように鳴り物入りで参入したものの、すでに撤退した企業もある。品質管理に優れた優良企業だからといって成功が約束されているわけではない。農業分野固有のリスクは確かにある。

だからこそ、大規模なアグリビジネスについては、海外フードシステムとの連携の戦略的重要性が今後増大する。現状でも、農林水産省による二〇〇六年の試算値によれば、国内の農地面積四六七万haに対して、輸入食料の生産に投入されている海外の農地面積は一、二〇〇万haにも達する。近年は、海外への食料産業の直接投資は特に加工品や水産品部門でアジアを中心に増加している。海外の農地を使ったビジネスモデルは外資の規制緩和により、商社をはじめとして一九八〇年代後半以降顕在化している。

最後に、ヒト――労働者・経営者――の調達については、短期的には定年・青年帰農によって一定数を確保できる可能性がある。しかし、地方における教育・福祉の不備、および農業経営者の絶対数の不足を考慮すると、国内のみでこれらを調達するのは、長期的には困難であると思われる。そこで外国人労働者や経営者の積極的な活用が鍵となる。

しかし、時限を取り払った専門職業人としての外国人の導入には阻害要因も多い。研修名目で入国した外国人労働者が起こしている問題は多々ある。また、経営者の導入についても、比較的小規模な日本の農地において必要とされる繊細な経営を、大規模経営にノウハウを持つ外国人経営者が行うのは容易でないと言われる。本格的導入には困難が伴う。

（三）消費のあり方

課題の所在

消費者の食品の選好を考えると、これまでの世論調査の結果から、**図5-5**に見られるように、「低価格・便利」、「安全・健康」、「新鮮・美味」の三グループに大きく分けることができる。それぞれ、論点を考えてみよう。

第一に、低価格・便利の側面について、二点指摘したい。一点目は加工品の生鮮食品に占める割合である。生産額で比較すると、食品工業の増大と農漁業の縮小は対照的である。現在では、農業関連の国内生産額一〇二兆円のうち、実に四〇％近くは加工品生産など関連製造業によるものである。また、同様の傾向は、輸入品にも見られる。二点目は、中食の増加である。**図5-6**を見ると、外食率が頭打ちになる一方で、食の外部化率が伸びており、中食の増加を反映してい

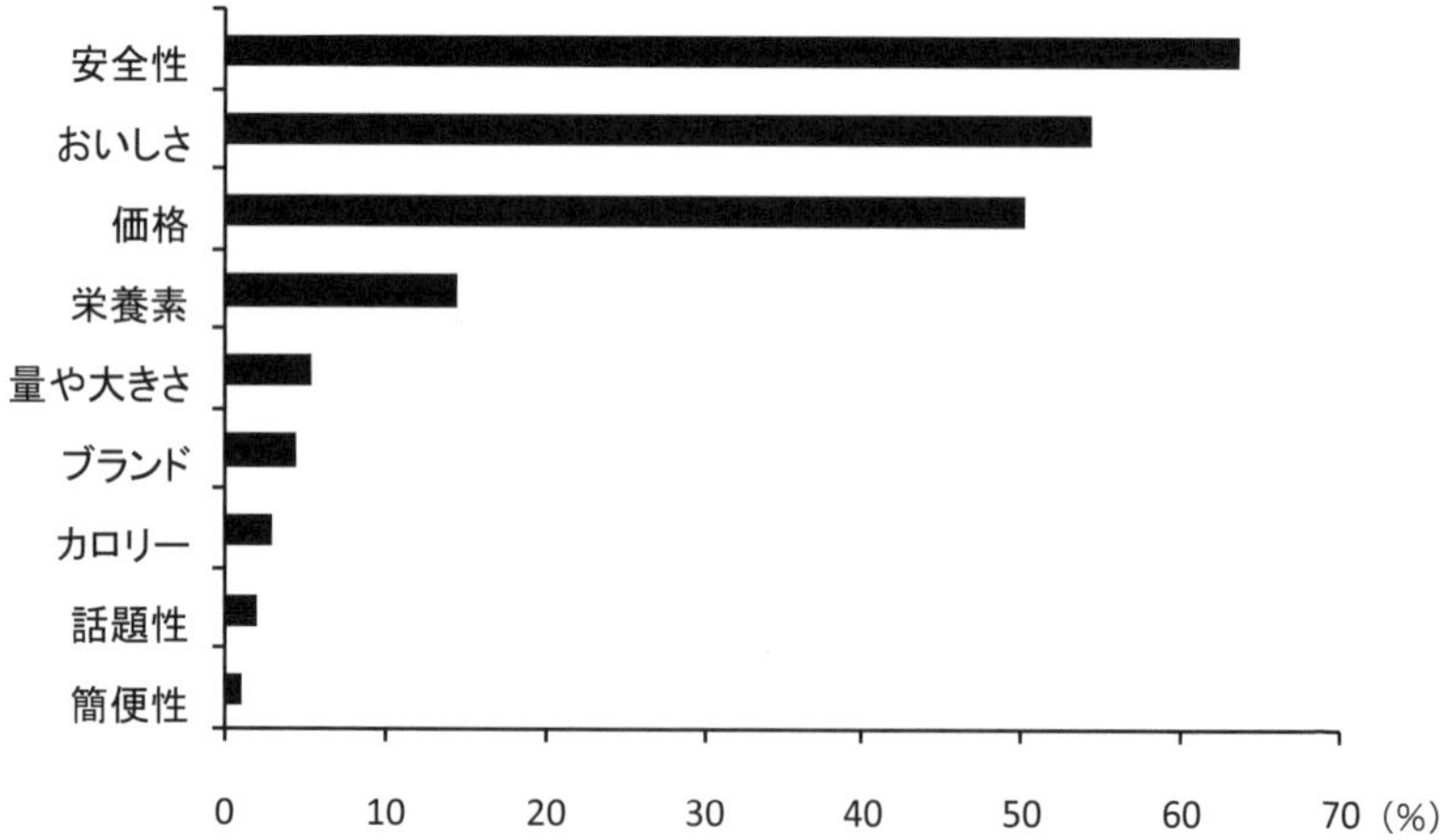

図5-5　食品を購入するとき、どのようなことを意識して選んでいるか

出所：農林漁業金融公庫（2002）

る。中食の動向は現代の食を考える上で欠かせない。

第三に、グルメ・新鮮嗜好については所得層によってその中身が異なる。高額所得者層では各地のブランド食品を産地直送で購入するなどしている。これは必ずしも、日本食に限らず、フランス産ワイン、スペイン産生ハムなどの輸入品にもあてはまる。ただし、こうしたブランド商品の場合、流通における安全の問題にも配慮がなされていることが通常である。

他方で、このような高級志向は、高額所得者層に限定されない。健康食品ブームの反動もあり、非高額所得者層の間でもおもに「B級グルメ」として美食追及の傾向が見られる。この場合、高額所得者層におけるグルメとは異なり、必ずしも「食の安全」に重きが置かれるわけではない。たとえば高級ハンバーガーはその典型と言える。

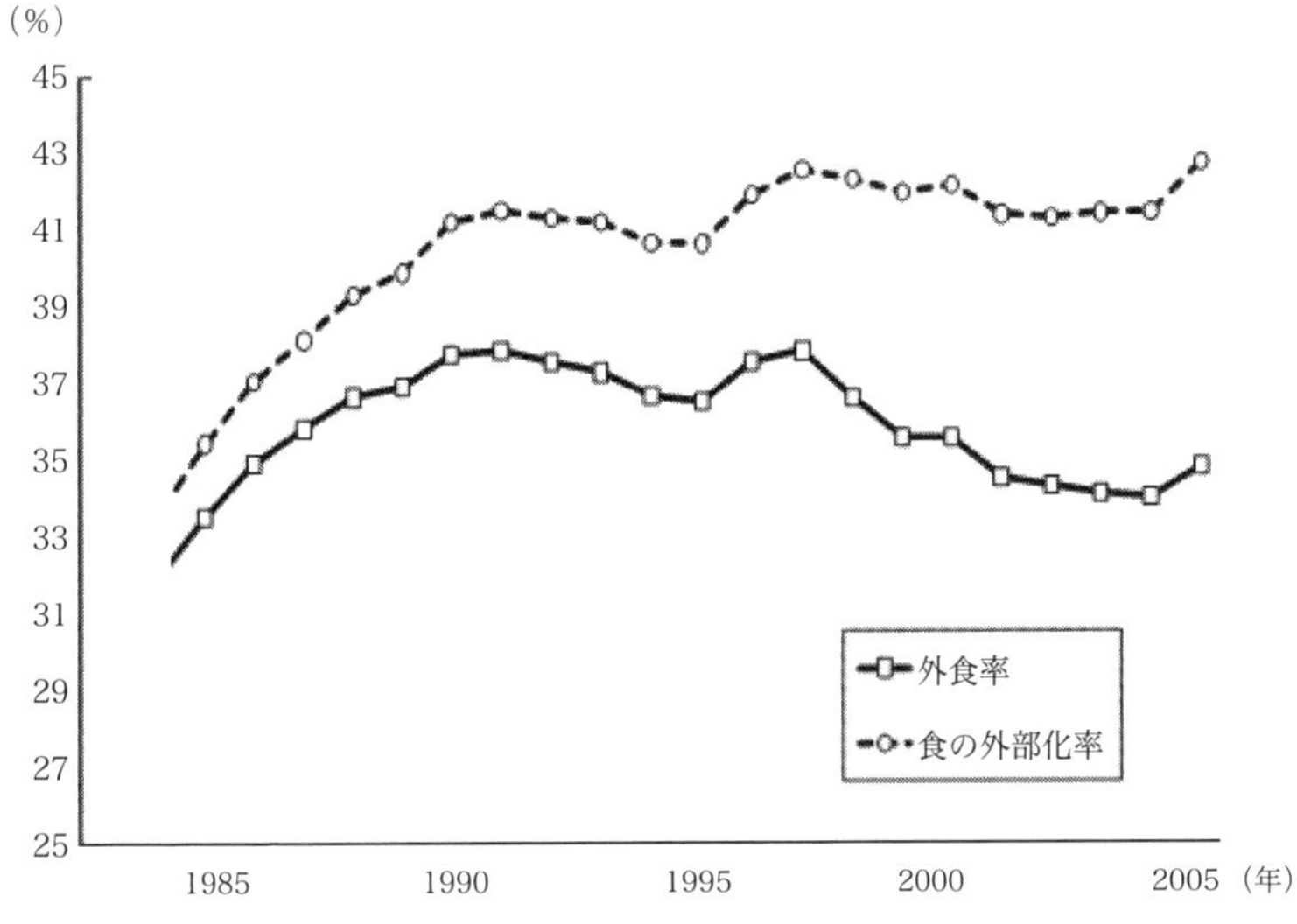

図5-6　外食率と食の外部化率の推移

出所：外食産業総合調査研究センター（各年度）

とを可能にした。

確実な事象と不確実な事象

六〇年代から七〇年代のスーパーの小売業界での躍進は、便利な中食の普及をもたらした。需給バランスのタイムリーな情報獲得が可能になったことを背景に、スーパーは安く大量に加工品を提供するこ

シュローサー（二〇〇一）は、ファーストフードが現代人の生活スタイルに与える影響を指摘しているが、日本でも中食の普及に伴い、それにフィットした生活スタイルが形成されていった。たとえば、女性の社会進出の背景の一つに中食の存在があることは明らかであろう。このようにいったん社会に埋め込まれた食のスタイルは社会のあり方と相互依存しあって「ロックイン（Lock In）」される。結果的に、中食という食のスタイルは現代の日本に根づいている。

さらに、需給バランスの情報へのタイムリーなアクセスが可能となったスーパー（さらにはコンビニ）の躍進は、卸売や仲卸しを介した流通のあり方を相対化し、価格決定の裁量を上流から下流へと移行させた。これに伴い、上流側の生産体制も下流の動向を反映したマーケットイン型に変化していった。

これを前提として、下流における中食普及が上流での加工食品産業の盛況をもたらしてきた側面がある。たとえば、飲食費の年間総支出額に占める生鮮品の割合は一九七五年の三二％から二〇〇〇年には僅か一九％に減じている。このトレンドを支えたマーケットイン型の生産体制は今後も維持されるため、需要側の中食に牽引されて、加工食品のシェアは今後も増加するだろう。

グルメについては、今後の具体的方向性には――グローバルグルメや地産地消グルメ等――バリエーションがある一方で、総体としては持続するだろう。この背景には、消費者の選択要求の幅が広がっているという事情がある。ガルブレイス（二〇〇六）によれば、消費者の選好とは消費者側に内在する要因だけではなく、供給者を含む外部の情報に依存する。こうした、「依存効果（Dependent Effect）」をもたらしているのは、米国に次ぐ宣伝大国とも言われる日本のグルメメディアである。家庭個々の味が失われている現在、メディアにより伝えられた「おいしさ」が消費者の選好を支配する面は否定できない。グルメメディア業界が確たる社会的地位を築いている以上、今後も「グルメ」は社会に受容される。

最後に、食の安全については、高齢者を中心に関心が高まる一方で、安全な食に向けたアプローチのあり方は多様でありうる。たしかに、海外からの輸入品で食の安全を揺るがす問題が生じている以上、国産品の再評価は著しい。日本のフード・マイレージ（食品の重量×輸送距離）は、アメリカの三倍、イギリスの五倍ほどもあり、食糧安全保障の観点からも、地球温暖化ガス排出の観点からも、その見直しが叫ばれている（中田、二〇〇七）。

しかし、**図5-7**に見るように、安全な食へのアプローチは国産品回帰にとどまらない。多様なアプローチから何が選ばれるかは、消費者の選好に依存する。安全性のみが追及されるのであれば、国産で見た目がよく、

表5-2　近年の主な食品安全に関する事故

BSEの疑いがある牛が発見
鳥インフルエンザーHPAI（H5N1型）ーが検出
ノロウイルスによる食中毒の多発
いかの塩辛を推定原因とする腸炎ビブリオ食中毒
・中国産冷凍ギョウザによる健康被害 ・中国産冷凍いんげんから農薬が検出 ・非食用の事故米穀から検出された農薬、かび毒 ・中国における牛乳へのメラミン混入

消費期限まで余裕があり、生産履歴が明白なものを、安心できる大手店舗で買うような未来像に落ち着くだろう。だが、今後は安価な食への嗜好が強い現在の若年世代が消費の中心を担うようになる。安全性と併せて経済性をも同時に追及されれば、安全な食のために「何に」プレミアムをつけるかはシビアな選択になる。安全を得るための各手段は厳格に順位づけされ、それを反映した購買行動となろう。この際、順位づけの評価軸に未だ不確実性が存在する。

四．シナリオ

（一）枠組みの構築：分岐点と推進要因

抽出された不確実な事象――農地における集約化・中山間地利用の動向、農業の担い手（青年帰農者、外国人労働者・経営者）、食の安全問題への対応――は、相互にどのような関係に立っているのであろうか。ここで、第二節を思い出すと、食は農への外生的な構造的規定要因であった。食から農への影響という視

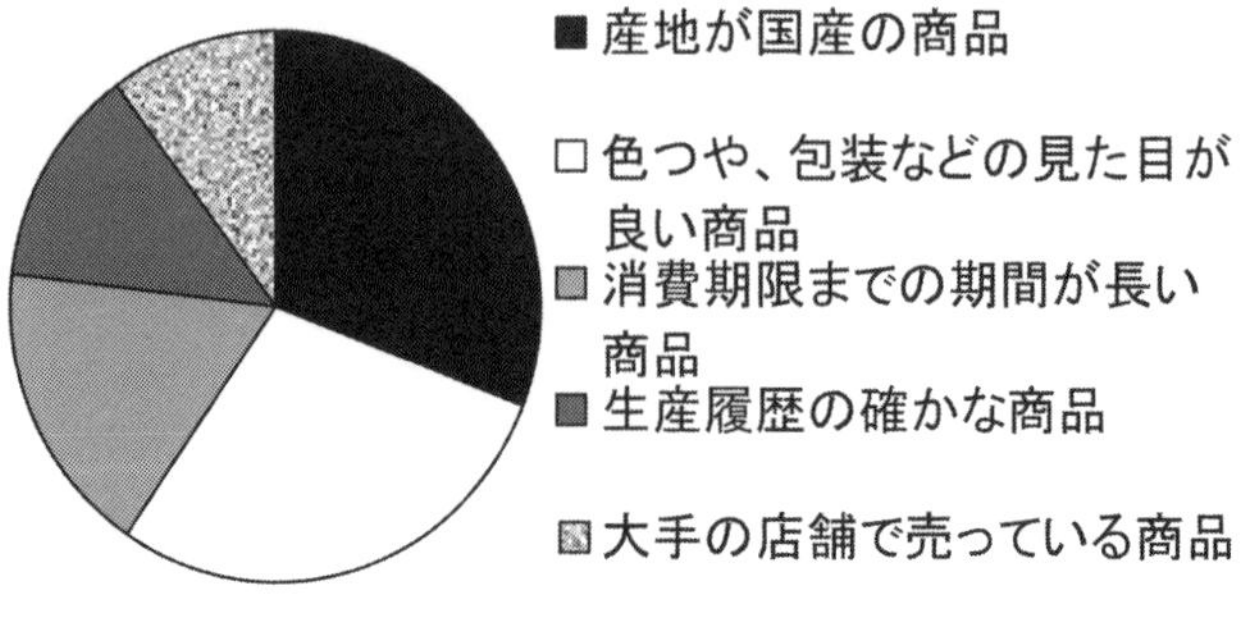

図5-7　加工食品の安全性の判断基準

出所：農林漁業金融公庫（2008）

点に配慮して、食について不確実な点を考えてみよう。すると、食の安全問題への対応が注目される。

さて、社会心理学者山岸（一九九九）によれば、食の安全問題のような、「相手の行動によっては自分の身が危険にさらされてしまうような状態」は「社会的不確実性（Social Uncertainty）の存在する状態」の一種である。こうした状態に対峙したとき、二つの対照的な反応があることが社会心理学の分野で実証的に知られている。

一つ目の反応では、社会的不確実性を公的な制度に頼って低減しようとする。この場合、食の社会的不確実性を弱めるための、公的な制度設計を徹底するという道がありうる。人々は、生産履歴や流通履歴の表示の制度的な担保を求めるだろう。他方、二つ目の反応では、社会的不確実性の存在は前提としながら、相手の人格や自分に対して抱いている感情を信頼しようとする。この場合、食の供給側を信頼するための人々の行動がシナリオの推進要因となる。たとえば、生産者の人格を知るために直接的な関係を持とうとするような行動である。

まず、前者の動きが卓越すると仮定してみよう。その場合、国内農業生産のインセンティブは必ずしも高まらないため、保護貿易の程度が弱まったとしても、農地の急進的な集積の必然性はない。むしろ、相対的に安価に農地調達が可能である、中国などへの海外進出こそが加速化する。このように、生産コスト削減が追及される結果、国内における中山間地利用を正当化するほどの農業の多面的機能の強い支持は弱まる。支持基盤を失い、中山間地の利用も限定的となる。

また、担い手に関しては、国外でのアグリビジネスが常態化すれば、国内でさまざまなリスクを請け負ってまで、外国人受け入れが促進されることはない。そのような、外国人労働者・経営者受け入れに伴うリスクと海外でのアグリビジネス展開のリスクを比較したとき、後者の方法が好まれる。

逆に、国産品や地産地消に固執する動きが卓越すると仮定してみよう。この場合、農地に関しては、国内の農地が用いられるようなアグリビジネスが展開される。さらに、中山間地もバイオ燃料や飼料稲の栽培などと組み合わせて、戦略的に多面的価値が賦与される。

担い手に関しては、安全希求に加えて新たな生活環境を求める定年・青年帰農者が短期的には増大する。その上で、国内でのアグリビジネス展開に伴い、外国人労働者の受け入れが現在の時限制から専門労働者としての本格的な受け入れへと変化する。また、食料品と農業の連携に関しては、国内の異業種経営者に加えて、経営感覚のある外国人経営者が大々的に展開するようになる。

このように前節で見た不確実性はすべて、食の安全に関する不確実性にその根源をたどって説明可能である。BSE問題から始まり、中国製冷凍餃子問題に至るまで、近年食の安全を揺るがす問題は多発している。こうした問題に接しながら、安心して食するために、人々は何らかの対応を迫られる。このことは、安全な食へのアプローチを分岐点にすることに説得力を持たせる。描いたシナリオを次に紹介しよう。

(二) シナリオ一：空洞化シナリオ 2010―2020

このシナリオでは、食の安全を揺るがす事件の発生が、食と農の間の透明性を担保する制度設計を求める動きを強める。現在、トレーサビリティ（Traceability：追跡可能性）制度は牛肉について導入されているが、この対象品目の拡大がなされる。流通履歴の透明性を担保する制度が構築され、これらの制度が消費者の一定の信任を得る。

さらに、安全に関する認証制度について、各食品メーカーの取得支援が強化される。具体的には、現在のＨＡＣＣＰ（Hazard Analysis and Critical Control Point：危害分析重要管理点）手法支援法が改正され、製造過程の安全過程で必要となる施設整備への金融や税制面での支援が強化される。

このように、流通履歴や生産履歴の透明性担保のために国からの支援がなされるものの、食品のコストにその費用は上積みされる。食品の価格高騰はとりわけ可処分所得の低い消費者の間で、より安価な食を求める動きを加速させる。ＨＡＣＣＰ等の基準に準じている限りで、コスト削減競争が生産・流通で生じ、その結果大手企業や食品産業による流通下流からの農業への参入が活発化する。流通の中抜きを通じた、コストダウンが図られる。さらに、人件費の削減のために、中国等の物的・人的資源の調達コストの安価な地における生産・加工が急増する。

2020―2030

ＷＴＯ農業交渉でこれまでのコメをはじめとした一部の高関税農産物の日本国内の市場開放ののちは、安全基準を満たした生鮮品・加工品が国内市場にこれまで以上に流入し、自給率の低下は加速する。

このように、食と農の距離が物理的に大きくなる結果、流通におけるＩＴ技術を用いた技術進歩、加工食品および中食の増加が生じる。

他方で、このような市場の自由化を経ても、消費者の美食志向に依存したニッチ戦略をとっている国内の農業はある程度は生き残る。ただし、ニッチ市場である以上、急激な増減はない。むしろ、高額所得者は美食を求めて海外に向かう。

このような一部生き残る都市近郊農業に対して、中山間地等の条件不利地では、保護農政の後退を背景に競争力維持が困難となる。そこで、現在大部分を占める昭和一桁世代が引退した後は、耕作放棄地や産業廃棄物の集積所となってしまうところも増加する。中山間地を中心として日本農業の衰退は加速化する。

2030—2040

日本の食料・食品業界も、一部は積極的に海外展開し、海外からの開発輸入や海外における加工産業に従事する。

さらに、非高額所得者層の食への経済志向は、ＧＭＯ（Genetically Modified Organisms：遺伝子組み換え食品）への抵抗感の緩和につながる。高収量ＧＭＯ種の種苗を用いたビジネスモデルが、日本の食市場でも顕在化する。日本の食市場で外資の種苗会社によるＧＭＯの供給が増加する。こうしたＧＭＯに関連する知的財産権の創造、保護、活用の観点で日本の種苗会社は決定的に遅れており、こうした市場への参入は限定的なものとなる。

日本国内の食料・食品業界はその国際競争力を保つことが困難となり、空洞化が進行する。

(三) シナリオ二：地域再生シナリオ

2010―2020

このシナリオでは、食の安全を揺るがす事件の発生が、食と農の間の物理的な距離を縮めようとする消費者の動きを強め、輸入品の買い控えが生じる。逆に言えば、国産品であれば安全な食品として信頼するという消費者が増える。過剰な国産品信仰の陰として、国産品の偽装事件も引き続き起こる。その結果、さらに食と農の距離を縮めようとする動きが生じる。都市からも、経済的な停滞の影響や新たな生活環境を求める志向もあり、定年・青年帰農、二地域居住などの形で新規就農する者が生じる。

こうした動きに対応して、農業サイドにも新しいビジネスモデルが生まれる。たとえば、直売所での販売のノウハウ、マーケットイン型の農業生産などは、こうした農業以外のビジネスを経験した者により支えられる部分もある。直売所や農家レストランなどの六次産業化を通じた地産地消の動きが強まる。

2020―2030

このように、農業にマーケットイン型のビジネスの発想が持ち込まれるようになることで、地場の食品産業との連携が行いやすくなる。農業と食品産業の異業種連携は、行政の旗振りも手伝い増加する。

さらに、こうした異業種連携による農業生産法人は地域再生に重要な役割を果たしうるために、地銀による融資が増加する地域も出てくる。行政に支えられて、異業種間連携への投資が盛んになるにつれて、これまで量的に限定的であった六次産業化の動きが拡大する。

こうした国内農業の活性は保護農政への農家のニーズを低減させる。これまで日本の外交政策においては、保護農政がボトルネックとなって、積極的なＥＰＡ（Economic Partnership Agreement: 経済連携協定）戦略をとれない部分があった。保護農政の前提が取り払われることで、より積極的な交渉が可能となる。地域団体商標による地域ブランドの商標化は進み、一次産品の輸出も増加する。

逆に、外国人労働者や経営者の日本国内への導入は本格化する。現状のような時限付きの研修生としてではなく、専門労働者として日本の農業を担うようになる。また、日本国内で限定的である、農業経営の経験の豊富な外国人経営者が導入されることで、都市近郊のアグリビジネスが活性化する。

こうした都市近郊のアグリビジネスの活性化と平行して、中山間地域における後継者問題が解消されてゆく。担い手の高齢化に対して、短期的には定年・青年帰農者は担い手の補完となったが、持続可能な担い手の供給源とはなりえなかった。しかし、その後継者として外国人労働者も流入するようになる。

2030―2040

残った中山間地の中には、「環境」の時代で戦略的な意義づけを持つ地域が現れる。二〇四〇年頃には石油の世界的な枯渇が予想されている。そのためにバイオ燃料などの需要も増す。そこで、たとえば、バイオ燃料作物の栽培地として中山間地を位置づけ、環境関連の交付金の対象地となる。また、バイオ燃料との競合で輸入価格が高騰する飼料イネの、中山間地での粗放的な栽培にも補助金が増額される。

都市近郊においても中山間地域においても再生に成功した自治体では、農業分野への自治体の補助金・税制面での優遇はこれまで以上に行われる。その結果、六次産業化や農商工連携における経済的なリスクは減じ、これらの動きは活発化する。この時期においては青年帰農者、定年帰農者は主たる農業の担い手ではない。

しかし、学校・病院への公的投資を通じて、都市で雇用機会を失った若者や、定年後の田舎暮らしを望む年金生活者の受け皿としての社会的役割は一定程度果たし続ける。また、日本の農村にも、ミシュランで星を取るようなレストランが数多く現れる。そして、こういった美食も観光資源として機能するようになり、日本農村への海外からの観光客も増大する。

五．おわりに

最後に環境・エネルギー利用への示唆という観点から、シナリオ間の比較を記す。

まず、空洞化シナリオでは、食品の海外からの輸入が増す結果、フード・マイレージは増し、輸送費等へのエネルギー消費量は増加する。他方で、国内での土地利用に目を向ければ、農村の利活用は放棄され、コンパクトシティ化が生じる結果、地理的集積による省エネ社会が達成される可能性がある。

次に、地域再生シナリオでは、離散的な居住形態の農村が残るために、空洞化シナリオに比べれば、エネルギー利用の効率は劣る。ただし、この点は食糧産業クラスターにおける土地利用の地理的集積の程度にも左右されるために、省エネ農村社会が生まれる可能性もある。また、この社会では二地域居住などに典型的なように、食品の代わりに人が動く。食ではなく人の移動によるエネルギー消費が増加すると考えられる。他方で、中山間地におけるバイオ燃料用作物の栽培などで、低炭素社会に貢献する側面を指摘できる。

比較を通して、とりわけ国土利用および居住のあり方という観点から、エネルギー・環境技術の需要の場の振れ幅について示唆を得た。

参考文献

石塚左玄（一九八一）『化学的食養長寿論』日本CI協会。

外食産業総合調査研究センター（各年度）『外食産業統計資料集』外食産業総合調査研究センター。

J・ガルブレイス（鈴木哲太訳）（二〇〇六）『ゆたかな社会（決定版）』岩波書店。

神門善久（二〇〇六）『日本の食と農　危機の本質』NTT出版。

柴田明夫（二〇〇七）『食糧争奪―日本の食が世界から取り残される日』日本経済新聞社。

E・シュローサー（楡井浩一訳）（二〇〇一）『ファーストフードが世界を食いつくす』草思社。

生源寺眞一（二〇〇八）『農業再建―真価問われる日本の農政』岩波書店。

中田哲也（二〇〇七）『フード・マイレージ―あなたの食が地球を変える』日本評論社。

農林漁業金融公庫（二〇〇二）『平成一四年度第一回消費者動向に関する調査』。

農林漁業金融公庫（二〇〇八）『平成二〇年度第一回消費者動向等に関する調査』。

農林水産省（二〇〇七）『二一世紀新農政二〇〇七』以下を参照。http://www.maff.go.jp/shin_nousei/index.html
農林水産省統計部（各年度）『農林業センサス』農林統計協会。

農林水産省大臣官房統計部（各年度）『耕地及び作付面積統計』農林統計協会。

農林水産省大臣官房統計部（各年度）『農林水産省統計表』農林統計協会。

農林水産長期金融協会（二〇〇七）『農業法人向け融資における実態調査報告書』以下を参照。http://www.maff.go.jp/j/keiei/kinyu/hozin_yusi/pdf/2007_report.pdf
長谷川晃生（二〇〇六）「地銀等民間金融機関における農業分野への取組状況と農協の課題」『農林金融』五月号。

山岸俊男（一九九九）『安心社会から信頼社会へ―日本型システムの行方』中央公論新社。

山下一仁（二〇〇九）『農協の大罪―「農政トライアングル」が招く日本の食糧不安』宝島社。

第六章　日本企業のアジア展開

橘川武郎・角和昌浩

わが国の持続的発展のためには、日本企業が将来にわたって好調であることが必要だろう、とひとまず言っておく。

本章は、日本企業のアジア地域に向けた事業展開の未来像を、シナリオ・プランニングの手法を用いて考えてみるものである。企業はビジネス環境に対してたえず働きかけ、利潤をあげようとする。成功している諸企業は、自社のステークホルダーからの信頼を維持し、顧客に付加価値を提供し、同業他社との競争に勝って好業績をあげている。が、未来のビジネス環境は、きっと、現在とは異なっているだろう。将来の変化に対応できなければ、現在の成功が続くのか保証の限りでない。

一．日本企業のアジア展開の有力ビジネスモデル

これから説明する日本企業のアジア展開とは、アジア地域で製品を供給・販売して利潤をあげようとする市場志向型のビジネス活動を題材としている。企業の国際展開については、生産拠点を海外に求める、企業の組織能力自体が多国籍化する、金融・投資活動がグローバル化するなど、いろいろなイメージがあるだろうが、本章は、これから国内経済が拡大して巨大な人口が豊かになってゆくアジア地域の、最終消費財マーケットに近いところで、日本企業が製品を供給・販売するビジネスモデルに注目したい。このモデルは、以下の理由で、今後たいへん有望である。

（一）日本の戦後の歴史から学ぶ

日本では、戦後一九五〇年代半ばから七〇年代初頭にかけて、一五年にわたって年平均名目経済成長率が一五％を越えた。この、世界史上に類を見ない高度成長のなかで日本企業は、ダイナミックに発展していった。次の**表6-1**は、一九五五年から七〇年にかけての日本の高度成長を市場の側面から見たものである。寄与率が最も大きかったのは個人消費支出（四四・八％）だった。大衆の可処分所得が増大して消費財に対するニーズが広がり、深まっていったのだ。

つまり、高度成長の実態は、しばしば誤解されるような輸出主導型ではなく内需主導型であった。二七・一％の寄与率を示した民間設備投資も、もちろん内需である。日本企業は、個人消費支出を中心

とした旺盛な内需が持続的に存在したビジネス環境の下で、技術革新と製品開発と経営のイノベーションを実現し、成長した。逆に言えば、もし、今後、同様なビジネス環境を得て、日本企業が自社の組織能力を発揮できるならば、かつての力強い企業活動を見せるのかもしれない。振り返ってわが国は、人口減少社会の到来が現実のものとなり、高度成長期のような内需主導型の成長を期待することはできない。そこで、アジア地域の市場に進出し、進出先の消費財マーケットを深掘りするビジネスモデルが有望ではないか、と考えてみたのである。

(二) アジア展開に関わる有力なビジネスモデル

以下では、日本企業のアジア展開に関わる有力ビジネスモデルを、事例を挙げて説明する。すでに成功事例が現れているのである。有力モデルの特徴を、「グローバル・プロダクツ戦略」、「モジュール化」、「成長市場への密着」という三つのキーワードで説明する。

グローバル・プロダクツ戦略

第一の「グローバル・プロダクツ戦略」は、日本企業が、次々と時代をリー

表6-1　日本の高度経済成長の市場別要因　(単位：%)

項目		個人消費支出	民間設備投資	民間住宅建設	政府経常支出	政府資本形成	在庫投資	輸出など	輸入など(控除)	国民総生産＝国民総支出
構成比	1955年	62.5	9.1	3.2	14.0	5.7	4.0	7.8	6.3	100.0
	1970年	48.9	22.9	6.2	7.0	8.5	5.1	13.7	12.2	100.0
55-70年平均伸び率		8.5	17.3	15.1	5.3	13.5	12.1	14.5	15.3	10.3
55-70年増加寄与率		44.8	27.1	7.0	4.9	9.3	5.4	15.5	13.8	100.0

ドする最終製品を世界市場に送り出してゆくビジネスモデルである。二〇世紀後半にソニーが歩んだ道がその典型で、今後も、その方式を踏襲しようというのである。この戦略は、アジア地域の顧客を世界中の商品購買者の一員とみなし、グローバルな商品の魅力を提供するものだ。

ソニーは世界に先駆けて、トランジスタ小型ラジオ（一九五五年八月発売、以下同様）、トランジスタ・テレビ（一九六〇年五月）、トランジスタ小型VTR（一九六三年七月）、トリニトロン方式カラーテレビ（一九六八年三月）、家庭用1／2インチVTR（「ベータマックス」、一九七五年五月）、パーソナル・ヘッドフォン・ステレオ（「ウォークマン」、一九七九年七月）、CDプレーヤー（一九八二年一〇月）、放送局用1／2インチ・カメラ一体型VTR（「ベータカム」、一九八二年一一月）などを開発してきたが、そのような状況は、円高が進行した一九八〇年代半ば以降になっても継続した。一九八五年一月にカメラ一体型八ミリビデオ、一九八七年三月にデジタル・オーディオ・テープ（DAT）・デッキ、一九九二年一一月にMDシステム、一九九三年一〇月に放送業務用コンポーネント・デジタルVTR（「デジタルベータカム」）、一九九五年九月に家庭用デジタル・ビデオ・カメラ（「デジタルハンディカム」）を相次いで発売したのが、それである。また、ソニーの子会社として一九九三年一一月に設立されたソニー・コンピュータ・エンタテインメントは、一九九四年一二月に三二ビット・ゲーム機（「プレイステーション」）、二〇〇〇年三月に一二八ビット・ゲーム機（「プレイステーション2」）を各々発売したが、それらも短期間で世界市場を席巻した。

一九四六年の会社創設以来、ソニーがほぼ一貫して急成長を遂げてきた主体的な条件は、以下の四点にまとめることができる。

①新市場の開拓と製品の差別化とにより競争優位を確保した。
②早い時期から海外へ目を向けた。
③自前のブランドと販路を確立した。
④リスク・テイキングな差別化投資を行った。

本章の主題に戻って、ソニーがグローバル・プロダクツ戦略を継続的に遂行することができた要因としては、

（a）長期にわたる海外での事業活動の経験を通じて国際的に通用するノウハウを蓄積した、
（b）過去において経営上の困難に遭遇し、そのことから教訓を得た、
（c）国内の強力なライバル企業との競争に打ち勝つため、経営革新につとめた、

という三点を挙げるべきであろう。

一九八〇年代以降、ソニーのグローバル・プロダクツ戦略を推進するエンジンとなったのはデジタル化とソフト化である。ソニーがデジタル化を推進する上で在欧海外子会社のイギリス人社長の提言が重要な役割を果したと言われているし、ソフト化を進める上では一九八九年一一月のアメリカ大手映画会社コロンビア・ピクチャーズの買収が大きな意味を持ったとされている。また、ソニーは、海外での事業経験から、欧米企業との戦略的提携の進め方について、多くのノウハウを習得した。これらの事実は、（a）の要因の重要性を示している。次に（b）の要因については、ソニーが、家庭用ＶＴＲの規格戦争における敗北（一九七〇年代後半におけるベータマックスのＶＨＳに対する敗北）を教訓化し、グローバル・プ

ロダクツ戦略を展開するにあたって、新製品の規格統一を主導的に実現することに腐心した点が注目される。また（c）に関連しては、松下電器（現在のパナソニック）という強力なライバルが存在したため、ソニーが、革新的な製品の開発に、積極的かつ継続的に取り組まざるを得なかったことが重要である。この事情は、トヨタと本田技研工業の熾烈な企業間競争が、当事者双方の国際競争力を高めた構図と同じである。

モジュール化

第二の「モジュール化」というビジネスモデルは、日本企業が、高付加価値部品の世界的な供給者としての地位を確立する道である。つまり、「世界の工場」＝組立現場がどの地域に移ろうとも、そこへ対して日本企業は、付加価値が高い部品を供給し続ける。ここでも、高付加価値化が決定的な要素であり、その意味では、モジュール化と、上記のグローバル・プロダクツ戦略とは、より高次の「高付加価値化」というキーワードで一括することができる。

現状では、世界の工場に相当するのは中国であるが、すでに日本企業は、中国との関係において、モジュール化をある程度実現している。この点に関連して、しばしば強調される「産業空洞化」という見方は、必ずしも正確なものではない。たとえば、『中小企業白書（二〇〇二年版）』（中小企業庁、二〇〇二）が危惧するような「技術力等を低下させ我が国産業の競争力を損なう」空洞化は、日本で未だに生じていない。

産業空洞化を語るとき問題視されるのは日本企業の中国進出の影響であるが、財務省『貿易統計』によれば、近年の日中貿易では日本の貿易収支は一貫して赤字であり、しかもその赤字幅が増加傾向にある。しかし、日本・香港貿易に目を転じると、日本の貿易黒字が一貫して継続しており、しかもその黒字額は、大半の年次において日中貿易での日本の赤字額を上回っている。その結果、日本と中国および香港との間の貿易収支は、日本から見た場合、二〇〇一年を除いて一貫して黒字となった。多くの日本企業が高付加価値部品を中国に直接輸出せず、香港経由で輸出するのは、中継貿易港としての香港のメリットを活用して、対中貿易に伴うリスクの軽減を図るためである。つまり、日中間では一九九〇年代以降、日本から高付加価値部品が香港経由で中国に輸出され、それが中国で組み立てられて日本向けに輸出されるという形態の貿易が急拡大したのであり、正確には、日本で産業空洞化が進行したのではなく、国際分業が深化したと言うべきなのである。つまり日本企業は、「労働コスト等の安価な海外において労働集約的な製品等を製造し、一方で国内においては、高付加価値製品に取り組むといった生産機能のすみわけを行っていた」（中小企業庁、二〇〇二：四四）わけである。

モジュール化ビジネスモデルを採用した成功例には、後述のＹＫＫがある。また中国家庭用エアコン市場における、日系メーカーの中国エアコンメーカー向けのコンプレッサー供給も同様の成功例である。中国国内市場の家庭用エアコン本体の販売競争では、日系メーカーが低迷している。しかし、エアコンに搭載されるロータリー・コンプレッサーの八割以上は、日系家電メーカーが供給しているのである。

成長市場への密着

第三の「成長市場への密着」は、日本企業が、世界のなかでも成長力が大きい市場に入り込み、そこに密着して、自社製品を販売するビジネスモデルである。成長性が高いのは新興国の市場。そこで売れ筋となるのは、新興ミドルクラスの購買を狙った商品ではなく、現金収入はごく少ないが膨大な人数の庶民を顧客とする商品である。その意味でこの第三のビジネスモデルは、高付加価値化を基軸とするグローバル・プロダクツ戦略やモジュール化とは異なる。

二〇〇七年三月、筆者のうちの一人(橘川)は、ＹＫＫグループの七か所の中国工場を見学する機会があった。訪れた都市は、上海、蘇州、無錫および深圳である。ＹＫＫグループは、中国に進出した日系企業の成功例として、最近とみに注目を集めている。たとえば、二〇〇七年一月一五日号の『日経ビジネス』は、「黒部発、世界シェア四五％　ＹＫＫ知られざる『善の経営』」と題する一九ページにわたる大特集を組み、そのなかで「勝つまで続ける海外展開」の一貫として、同社の中国ビジネスの活況ぶりを紹介した。ＹＫＫは、世界の縫製センターとなった中国で、ギャップ、アディダス、ナイキ、リーバイス等の大手アパレルメーカーにファスナーを大規模に供給するとともに、内需向けのファスナー供給に関しても、第二ブランド「アーク」を前面に押し出して攻勢をかけている。

今日、中国で生じている外国企業にとってのビジネスチャンスには、二つのタイプがある。一つは、「世界の工場」となった中国を、グローバルな加工輸出の基地として活用するチャンスである。ＹＫＫの大手アパレルメーカー向けファスナー供給はこれを活かしたものであり、前述した「モジュール化」の一形態と言える。もう一つは、急速に成長する中国国内市場で売上げを伸ばすチャンスであり、「成長市場への密着」というビジネスモデルを実行することである。ＹＫＫの「アーク」ブランドのファスナーは、「成長市場への密着」に対応した商品とみなすことができる。ＹＫＫが取り組んだ二〇〇五〜〇八年中期経営計画では、ファスナー事業に関して、それが成熟産業であるという常識を打ち破る形で、「伸びゆく需要への更なる挑戦」という目標が掲げられていた。ＹＫＫがこのような強気の姿勢を打ち出すことができたのは、中国における二つのタイプのビジネスチャンスを、フルに活かしきることを念頭に置いていたからである。現に、上海と深圳にある同社のファスナー工場では、向こう三年間に生産量をいずれも倍増させる計画だと言う。

続いて同じく二〇〇七年八月に、筆者（橘川）は、ベトナム・タイ・インドにある計六か所の味の素（株）の工場と、それぞれの国の伝統的市場《いちば》（いわゆる「ウエットマーケット」）および近代的小売店（大規模スーパー等）を見学する機会があった。

訪れた三国のうちタイは、経済発展の度合と日本企業の進出ぶりの両面で、別格の存在である。タイにおける日本企業のプレゼンスは、一九九七年の経済危機以降、むしろ拡大している。味の素（株）も、タイでここ数年、最新鋭の工場を次々と新増設しており、調味料のみならず缶コーヒーや即席ラーメンなどでも、同国市場に深く浸透している。同社の主力製品である風味調味料については、タイでの売上高が、日本でのそれを上回っているという。

ベトナムとインドは、日本企業にとって、タイや中国の次に来る投資先である。インフラストラクチャの未整備やさまざまな制度的制約など残された課題は多いが、すでに始まっている日系工場の建設がさらに拡大することは間違いない。

ここで強調すべき点は、ベトナムやインドの最大の魅力は、豊富で低廉な労働力にあるのではなく、国内市場の将来性にあることである。オートバイがわがもの顔で駆け回るホーチミンシティの喧騒や、タクシーが存在しない空白を三輪車のオートリキシャが埋めるチェンナイ（旧マドラス）の活気は、日本の「三丁目の夕日」の世界を彷彿とさせる。「三丁目の夕日」のあとに日本人が経験したのは、世界史的なインパクトを持つ高度経済成長であった。ベトナム人やインド人が高度経済成長の疾風怒濤のなかに身を置く日は近い。その際には、日本の高度経済成長を牽引したのが、輸出の伸びではなく国内市場の急拡大であった事実を、想起する必要があろう。

味の素（株）は、ベトナムでもインドでも、零細な規模の路面小売店やウエットマーケットの小規模問屋を一軒一軒まわり、現金取引で調味料等の家庭用商品を売るという、地道な努力を重ねている。一～三人の営業マンが二輪車またはバンタイプの四輪車に乗って、一日七〇軒から八〇軒の店を回り、そのうちの三〇軒から四〇軒で売上げをあげるのである。まだ、商品としての「味の素」が浸透していないインドでは、「キャラバン」と呼ばれる別働隊がおり、街頭や住宅地で大きな傘を広げ、その下で「味の素」入りとそうでないまぜご飯の食べ比べ会を開き、「味の素」の認知度を高めつつある。インドではまだ収益をあげていないが、ベトナムではすでに黒字転換を実現しており、ベトナム市場は味の素（株）にとっての「ドル箱」になりつつある。

ベトナム・タイ・インドの現状は、「中国の時代」に続く「南アジアの時代」の到来を確信させる。日本企業はアジアの国々の市場としての将来性に目を向けて、事業を展開すべきではなかろうか。

このように「成長市場への密着」モデルでは、日本企業が、アジア現地マーケットで機能している販売チャネルと業務プロセスを習得し、大衆消費をターゲットに売上げを伸ばしてゆく。しかしながら、今日優良とされる日本の企業のなかには、組織能力の面で、このビジネスモデルの採用が難しい企業群が観察される。アジア現地向きの元気でタフな社員がいない、という話ではない。現在成功して利潤をあげている自社のビジネスモデルが、アジアの現地市場では通用しないのだ。

筆者（橘川）は、数人の仲間たちと『日本の企業間競争』という本を刊行したことがある。そのなかで、日本国内の企業間競争の過程で大きな意味を持ったイノベーションが、ドメスティック（国内的）な要因と分かちがたく結びついている事例を見出した。アサヒビールによる「スーパードライ」というナショナル・ブランドの確立、「日本語の壁」が存在していた時期のＮＥＣによるソフトウェア・メーカーの組織化、百貨店との委託取引を踏まえたオンワード樫山によるリスク適応行動、花王による販社政策を中心とした前方統合、情報システムに依拠した単品管理の徹底に代表されるイトーヨーカ堂による業務革新などが、それである。これらは、嗜好性や言語、取引システムなど、日本に固有の条件と結合したイノベーションであった。

イノベーションがドメスティックな要因と結びついていたということは、言い換えれば、それらが国際的な汎用性を持たなかったということである。この現象を「丸出ドメ夫現象」と名づける。これは、筆者（橘川）による造語であり、一九六〇年代に流行した森田拳次原作の漫画『丸出だめ夫』にちなんだものだ。日本固有の条件と結合したイノベーションに目を奪われたために、十分な国際競争力を形成できなかったわけである。日本では、多くの有力企業が、この「丸出ドメ夫現象」から脱却できないでいる。それらの企業が「成長市場への密着」を実行するには、清水の舞台から飛び降りるような組織能力の変革が必要であろう。

以上、概説した日本企業のアジア展開の成功例について、ビジネスモデル分析の型式にしたがって整理すると、**表6-2**のようになる。

二．シナリオ・プランニングへ

（一）成功ビジネスモデルに潜在するリスク要素

ここで、視点を大きく変える。

説明してきたいろいろなビジネスモデルが、将来、

表6-2　日本企業のアジア展開の有力ビジネスモデル

	グローバルプロダクツ	モジュール化	成長市場への密着
国際化の成功事例	ソニー	YKK（ファスナー） 家電メーカー	YKK 味の素
	デジタル化とソフト化の成功 あいつぐ新製品が短期間でアジアのみならず世界市場を席巻	「世界の工場」中国やアジアに立地する企業に、日本企業が高品質基幹部品を納入	国内需要の成長が見込まれ、消費生活が豊かになるアジアの新興国市場で最終製品を販売
ビジネスモデルの構成要素			
ターゲット顧客（セグメント）	グローバル顧客ベース ハイエンド	YKK は Gap やナイキ 家電は中国国内メーカー	新興国の大衆 現地ローエンドマーケット
顧客に提供する商品価値	新奇性の魅力、ブランド	高品質	生活向上感、低価格
商品提供の方法			
業務プロセス			小売／卸売、現金取引
商品を生み出す技術	技術力の競争力維持	技術力の競争力維持	
販売チャネル			セカンドブランド戦略　現地サプライチェーン （伝統的市場（いちば）、路面小売店、小規模問屋）
ソーシング（調達戦略）		技術開発力の内製化	
コア・コンピタンス	経営革新の能力	ブラックボックス化された工作機械	地元企業に対し、輸出用製品部品として組み込むことを禁止
組織能力 （ケイパビリティ）	スピード 松下電器との熾烈な競争 海外事業展開の経験知 外国人経営者起用 グローバル化の深化	高品質への信頼性 研究開発能力の維持	的確なターゲット設定 （販売数量×マージン）

被るかもしれない未来変化についてシナリオ・プランニングという戦略検討手法を用いて考察してみたい。

アジア市場に進出し、進出先の消費製品マーケットに近いところで成功しているモデル、あるいは近い将来に成功が期待されるモデルには、実は、想定外のビジネス環境変化に晒されるリスクが潜んではいないだろうか。シナリオ・プランニングは、未来変化を予感させる世の中のシグナルに耳を傾けることから出発する。もし、ビジネス環境に大きな変化が起こったら現在のモデルはどんな影響を受けるのか。対応策は？　といった戦略的な思考を企業組織内で、明示的に、発生させる。それも、あえて懸念される方向への変化の可能性を、データに基づいた分析的かつ説得的なストーリー（シナリオ）を用意して、マネジメント層を巻き込んで議論してみるのだ。このようなディスカッションをやるのには、少し勇気がいる。

既述のように企業というものはそれぞれ事業領域が違うから、それぞれの企業の事情に合わせて、使い勝手の良いシナリオ作品を用意すべきだ。つまり、企業ごと、事業領域ごとに中身を違えたシナリオ作品が書かれなければならない。が、本章では、個別事例にこれ以上立ち入ることを控えたい。代わりに公開文献資料を援用しながら、シナリオ・プランニングを始めるための問題設定（「シナリオへの出口」）を示唆するところで、筆を止めたい。

（二）「グローバル・プロダクツ」ビジネスモデルについての省察

この戦略では、日本企業が、次々と時代をリードする最終製品を世界市場に送り出す。最終製品の魅力を全世界の顧客に訴えてグローバル市場を席捲する。このビジネスモデルの順行を妨げる未来の出来事は、どのようなものか。

シナリオへの出口1 「破壊的イノベーションで市場参入する挑戦者?」

世界の消費者はグローバル・プロダクツに、どんな魅力を感じて買うのだろうか? ブランドの差別化価値? あるいは価格? 最終消費財であるだけに景気や懐具合が影響するだろう。が、ここで注目したいのは、商品の機能と値段のバランスに関する企業間競争のダイナミズムを、斬新な視角から問うている「破壊的イノベーション」仮説である。

ハーバード大学のC・クリステンセンは、技術革新には、根本的に異なる二つの種類があることを発見した。「持続的イノベーション」と「破壊的イノベーション」である。まず、「持続的イノベーション」とは、主流市場に在る顧客がこれまで評価してきた性能指標にしたがって、既存製品の性能を向上させるような技術である。対して、「破壊的イノベーション」とは、少なくとも短期的には、製品の性能を引き下げる効果を持つ製品開発技術として現れる。破壊的技術を取り入れた製品が市場に出現すると、それは、市場にまったく新しい価値基準を持ち込んでくる。第一に、シンプルで、低価格。性能が低い。一般的に利益率は低い。好例が「五万円パソコン」だ。インターネットに接続して、タダで、多様な情報が欲しい、文字情報による簡単なやりとりも、ちょっと立ち寄ったコーヒーショップで気軽に行いたい、というニーズを持った人たちがこれだけ多かった、ということだ。第二に、大企業にとって最もうまみのある顧客は、通常、破壊的技術を利用できず（性能が低すぎてニーズを満たさないのだ！）、利用したいと考えない。第三に、この技術を最初に受け容れるのは新しい市場や小規模な市場である。たとえば、ティーンエイジャー、大学生、ハッカー、小規模な業界のニッチユーザー、開発途上国の人々。しかしこの技術は、その後の持続的改善によって性能が向上し、やがて上位市場へと狙いを定める。新しい技術が必要な性能基準を満たすようになると、主流市場の顧客も、以前はまったく受けつけなかった破壊的技術を受け入れるようになる。こうして破壊的技術は上位市場を侵食し、支配するようになる。大企業が、気がついたときには「時、すでに遅し」である。

現在大いに成功しているグローバル・プロダクツにも、魅力の一部に、製品の機能と価格の微妙なバランス、が含まれているのではないか？　破壊的イノベーションを商業化した新たな挑戦者の影が、世界のどこかに、見えないか？

例として、インドのタタ自動車の軽乗用車「ナノ」を取り上げてみる。二〇〇九年三月二四日付『日本経済新聞』によれば、二〇〇九年四月に発売される「ナノ」の小売販売価格は、一〇万ルピー、約一九万円である。インド国内仕様の「ナノ」は、排気量は六二四cc、最高時速一〇五km、燃費はリッター当たり二三・六km。エアコンや助手席側のミラーを省くなど、思い切った機能の絞り込みをした。「ナノ」はタタの世界戦略車でもある。コンパクト・カーの時流に乗って二〇一〇年にも欧州で売り出すのに続き、米国への投入も目指す、という。性能が徐々に向上してゆくことだろう。「ナノ」は単に乗用車市場の価格破壊を仕掛けているのではなく、破壊的技術の萌芽かもしれない。

シナリオへの出口2「製品仕様のガラパゴス化?」

「ガラパゴス化」とは、日本企業が提供する製品やサービスが、国内市場向けに高度化しすぎ、世界市場の水準とかけ離れて、「オーバースペック」をきたすことを指す。大陸とかけ離れたガラパゴス諸島の生物が、独自の進化を遂げたことになぞらえた言葉である。日本企業は、国内では強い競争力を持つが、海外では、標準的な製品やサービスを廉価で提供する外国企業に太刀打ちできない。日本の携帯電話がその典型例である。

さて、グローバル・プロダクツ戦略はグローバル化した国内・海外市場を前提とし、世界中のファンが、世界中で同じ商品を購入することで収益をあげる。つまり、ビジネスモデル自体に、ガラパゴス化の契機は含まれていないはずだ。であるが、経営革新能力の減衰や自社の「組織能力」の内向が起こると、ガラパゴス化が始まるかもしれない。その兆候は、今、自社組織内に芽吹いていないか? その芽は今後、どのようにふくらむ可能性があるだろうか?

宮崎智彦著『ガラパゴス化する日本の製造業』(宮崎、二〇〇八)によれば、日本のエレクトロニクス企業群は製品の成熟化、コモディティ化に伴い、エンジニアのモチベーション、技術開発の方向性が国内に閉じてしまったのだ、という。世界市場でマスマーケットを占めるミドルからローエンド市場向けの製品開発は、性能がさして高くないことから優先度が後回しになってしまい、あくなき性能向上競争の主戦場がハイエンド国内市場になった。製品開発能力を持てあました日本の企業は、国内向けのハイエンド製品にますます特化し、グローバル・プロダクツたるべきミドルからローエンドの製品については撤退、あるいは外部製造委託する道を選んだのだ。

さらに同書によれば、今起こっている世界のエレクトロニクス産業の大変化は、世界の自動車産業の将来にも影響を与える可能性がある。現在半導体製品の用途先で最も成長性が高いのは自動車向け分野であるが、今後、地球環境問題の深化とともに、自動車技術は「ガソリンとエンジン」の中核技術から、「電気とモーターおよびそれを制御する半導体」の技術に変わってゆく可能性がある。デジタル化が進行すれば標準化されるデバイスが増える。半導体や機構部品も標準的な安価な製品がより多く使われるようになる。ここで、自動車でもコンピュータ、通信、民生機器で見られたような低価格化、コモディティ化、垂直分裂化(この論点は後述する)が深化し、中国やインドなどアジア系の自動車企業が日本企業のシェアを侵食することがありうるか？

日本の自動車メーカーの競合相手は、長らく、欧米自動車メーカーだった。将来、競合相手が中国やインドなどのアジア系自動車企業になる場合、日本企業はアジア地域で豊かになった新興ミドルクラスの購買者に、ブランドの差別化価値を呼びかけ、勝負するのだろうか？　新興ミドルクラスは、商品の機能と値段のバランスをじっくり比較して買うかもしれないではないか。

ところでGM、フォード、クライスラーの米国自動車企業は、サブプライムショックによる需要の縮減に痛めつけられて連邦政府に救済措置を求めた。大胆な経営変革を迫られる米国勢が、「自動車は国家なり」のプライドを捨て、もはや製造工場を顧みることなく研究開発と設計分野に特化し、液晶パネル製造や半導体前工程専業、また電子機器の受託生産専業により力をつけた台湾の企業群などのアジア系企業と組んで、水平分業的なビジネスモデルを採用する、こんな未来像だってありそうだ。

(三)「モジュール化」ビジネスモデルについての省察

この戦略は、高品質基幹部品のサプライヤーとして自社を位置づけ「世界の工場」として隆興するアジア諸国に進出して、最終商品を製造販売する現地メーカーに部品を販売する。現時点での主力進出先は中国である。自社の内部に留めおいた研究開発能力を含む技術競争力の優位が継続するかが、この戦略の成否のカギとなる。

モジュール化を推進している企業は、付加価値の高い部品を作っているのだから、買手である組立メーカーに対して、売手である自らが常に優位を確保しうると錯覚しがちだ。しかしそれは、垂直統合型が主流を占める日本固有のサプライチェーン編成のあり方によるところが大きい。海外では、垂直統合型がサプライチェーン編成の主流であるとは限らない。サプライチェーンのあり方に関しても、日本はガラパゴス化している可能性がある。

この点に鋭い筆致で切り込んだ書物に、丸川知雄著『現代中国の産業』(丸川、二〇〇七)がある。世界のノートパソコンの六割以上、携帯電話機やテレビの四割を生産する中国は、一九九六年以来鉄鋼生産世界一を独走し、二〇〇六年にはドイツを抜いて世界第三位の自動車生産国に躍り出た。同書は、このように「世界の工場」へ向かって驀進中の中国製造業の全体像を、最新の情報に基づき、「垂直分裂」というユニークな切り口で「輪切り」にした意欲作である。

垂直分裂とは、従来一つの企業のなかで垂直統合されていたいろいろな工程ないし機能が、複数の企業によって別々に担われるようになることである。同書は、中国の産業体制の特徴を表現するこのキーワードを駆使して、中国の家電産業、携帯電話機製造業、パソコン産業、自動車産業の最新の実態を描き出す。そこで浮き彫りになるのは、テレビメーカーやエアコンメーカーによる「事実上の互換性」の実現、携帯電話事業におけるバンドル販売の不振、ブランドなしパソコン＝「兼容機」の普及、小規模自動車メーカーの乱立や大手国有自動車メーカーの垂直統合型からの離脱などの、驚くべき事実の数々である。

中国企業にとって垂直分裂戦略は、「積極的に他社の力を利用し、産業のなかで取りかかりやすい分野から参入する」、「基幹部品を他社から購入する場合でも、複社調達を行うことで特定メーカーへの依存を避け、自立性を確保する」という二つのメリットを持っており、それが、中国製造業の躍進を可能にした。垂直分裂という中国特有の産業体制に直面して、垂直統合戦略を得意とする日本企業は、基幹部品の製造面で技術的優位を堅持しているにもかかわらず、苦戦を強いられているのである。

ということで、「モジュール化ビジネスモデル」に潜在するリスクを省察するための「問い」を工夫しよう。

シナリオへの出口「中国企業の垂直分裂型ビジネスモデルの挑戦、とその将来動向？」

中国国内市場で現在成功している中国企業のビジネスモデル、すなわち、最終消費財マーケティング、自社ブランドの訴求、およびオープンな垂直分裂型サプライチェーン戦略は、将来、変化する兆しがあるのか？　たとえば中国政府の産業政策や、中国企業の採用する技術開発戦略に、変化の兆しが見えないか？　中国メーカーは今後も垂直分裂戦略をとり続けるのか、それとも技術開発能力の内製化を考えるのか？

(四)「成長市場への密着」ビジネスモデルについての省察

このビジネスモデルがターゲットにするアジアの顧客は、グローバル・プロダクツやモジュール化の場合よりも所得水準が低いものの、膨大な数量を期待できる庶民である。日本企業が、世界のなかでも成長力が大きい市場に入り込み、そこに密着して、ローエンドをターゲットとした自社製品を販売するビジネスモデルである。現地の販売チャネルと業務プロセスを習得して売上げを伸ばす。販売数量の伸びとマージン率とを、的確にターゲット設定して、収益をあげてゆく。

ところで、日本企業が現地の庶民のお財布に密着したマーケティングを進めるとして、そこでの競争相手は誰か？　競争相手の採る販売戦略はどんなものか？

C・K・プラハラード著『ネクスト・マーケット』(プラハラード、二〇〇五）によれば、貧困層市場は富裕層と同じくらいブランド志向である。新しい豊かな生活への強い思いは誰もが持っている夢であり、貧困層とて例外ではない。しかし彼らは、出せるだけの価格に見合った、優れた品質を期待する。たとえば、インドのシャンプー市場では、ユニ・リーバやＰ＆Ｇ、現地の大企業が参入している。貧困層は、Ｐ＆

Gの高級シャンプーである「パンテーン」を使い切りパックで買う。量を少なくした手頃な値段の製品である。貧困層は収入が不安定で、多くは日当で生計を立てている。現金があるときだけ買い物をし、その日に要るものだけを買う。そこで、インドではシャンプー、ケチャップ、紅茶やコーヒー、アスピリンなど、使い切りパックが普及するのだ。

同書は、インドで一日の収入が二ドルで暮らす膨大な数の人々をターゲットに商売するためには、この貧困層とパートナーを組めるようなビジネスモデルを開発して、持続可能なＷｉｎ―Ｗｉｎのシナリオを達成すべきだ、と言う。貧しい人々が自らビジネスプロセスに積極的に関わると同時に、製品やサービスを提供する企業も利益を得られるのである。多国籍企業ユニ・リーバのインド現地会社であるヒンドゥスタン・リーバ・リミテッド（ＨＬＬ）は、インド国内でユニ・リーバの日用品や食料品を販売しているが、農村部での直売網に「シャクティ・アマ」（直訳すると「活力ある女性」）と呼ばれる女性の個人企業家を育成している。彼女たちは、ＨＬＬから企業家教育を受け、またＨＬＬ製品を仕入れるために一万五千〜二万ルピーを自分で投資する。そのために借入れを行う。シャクティ・アマはＨＬＬの製品と価格や収益性について学び、村の女性たちに対するアドバイザーとなる。ＨＬＬのメッセージを浸透させるために農村部における人的ネットワークを形成し、顧客への直接訪問販売を日常的に行っている。この販売戦略は、農村部の独立した販売代理店を利用する場合に比べて、コストを一〇％以上節約でき、ブランドの認知力も高めることができる。二〇〇五年にはシャクティ・アマは一〇〇万人に達したとされている。

このように、多国籍企業ユニ・リーバはインド市場での現地化を徹底し、貧困層へのマーケティング戦略として、コミュニティ単位での口コミネットワークを積極的に組織化しているのだ。

日本企業が取りかかっている「成長市場への密着ビジネスモデル」に潜在するリスクを省察するための「問い」を工夫しよう。

シナリオへの出口１　「現地化の深化に対応できるか?」

このモデルで成功している日本企業にとっての現地マーケットでの競争相手は、日本企業よりもさらに深くローエンドの購買者に入り込もうとしているかもしれない。

ＨＬＬの「シャクティ・アマ」システムは、実は、インド農村の女性たちの間で広汎に組織されている自助グループ活動と密接に結びついている。ＨＬＬは、州政府や地元政府の農村部開発部門や女性エンパワーメント部門と提携して、自助グループが存在する地域を調べ、地元政府と連携して、自助グループのなかからビジネス意欲の旺盛な女性を選び、シャクティ・プロジェクトへの参加を促すのだ。

現金収入が乏しい、けれども、ブランド日用品を買って生活の向上を実感したい。このような思いを抱くインドの庶民に対して、ＨＬＬは、独創的な、奥の深い現地化を伴うビジネスモデルを開発した。日本企業は自社の製品をこのような、現地社会独特の人的ネットワークシステムに乗せることができるだろうか？

シナリオへの出口２　「アジア現地でのブランド力の毀損？」

ブランド力とは、購買者がそのブランドの商品を持っていることで、ブランド価値という独特の満足を経験するものであることから、その価値が一瞬で失われてしまった過去の事例にこと欠かない。

ところで、アジア地域のローエンド市場で大量に売られている日本製品は、日本発の製品という品質力とブランド力が商品の魅力の一部に組み込まれている、と推測できよう。もし、将来ブランド力を毀損する出来事が起こると、ビジネスへの影響は大きい。

二〇〇五年春中国各地の都市で、日本の小泉首相（当時）の靖国神社参拝に反対して、「日本製品排斥、国産品愛用」の反日デモが発生したことは、記憶に新しい。これらのデモ行動は中国政府の介入によって短期間で収束したのではあるが、注目すべきは、この時、中国各大都市の街頭で展開された大衆行動が、個人個人が手のひらに持つ携帯電話を介して、自生的、速効的かつ大量に動員された都市民によって繰り広げられたことである。実は、今や、アジアの農村に住む膨大な貧困層もワイヤレスでつながっている時代だ。プラハラードによれば、貧困層は、テレビや非常に安く使えるインターネットキオスクや携帯電話から最新情報を入手している。その結果、庶民の口コミネットワークが、製品の品質や価格、あるいは利用できるオプションの評価など、日用品の評判に非常に強い影響を与えている。したがって、ブランド価値が、突然毀損される事故も起こる。たとえば二〇〇三年一〇月、インドで、多国籍企業キャドバリーのチョコレートに虫が混入しているのを、消費者が発見した。このニュースは、一気にインド国内を駆けめぐったと言う。

三．日本企業はどこで稼ぐのか——日本企業の国際展開のシナリオに向けて

将来の日本企業は、長期的かつ持続的に順調に稼げるのか、そしてその富を日本社会に還流することができるのか。この問いは、未来の日本社会が抱えるリスクの一つとして考えることができよう。

本章では、この問いの前半部分、「日本企業は、長期的、持続的に順調に稼げるのか」について、アジア地域に向けた市場志向的な事業展開を、有力なビジネスモデルと措定して考察してきた。シナリオ・プランニングは、ここでは現地市場における中長期的な競争環境の変化、あるいは消費者の嗜好の変化の可能性を描き出し、それらが企業戦略に影響を与える可能性を検討するために用いられた。民間の私企業のマネジメントが、自社が採用している長期戦略の妥当性やリスクを、未来世界で起こりうるビジネス環境の変化を肌身に感じながら、ふと、振り返ってみる、これがシナリオ・プランニングという手法の出自であり、本来の活用法なのだ。

他方で、公共政策的な観点からは、問いの後半「日本企業は富を日本社会に還流することができるのだろうか」、という論点にも大いに関心が向く。企業の多国籍化、そしてグローバル化の傾向が、今後、長期的に確からしいとすれば、日本出身の有力企業は、海外の複数国で現地生産を行い、グローバルな視点で経営資源の最適配分を図ってゆくであろう。振り返って、未来の日本社会は、日本出身の企業に

対して適切な経営資源、つまり人材とそれを育てる教育制度、交通や通信や金融などのインフラ、収益性を生む仕組み（企業税制環境など）を、他国と競争力のある質と量で、長期的に供給するのだろうか？この問いかけもまた、シナリオ・プランニングの腕がふるえる格好のテーマであろう。

参考文献

宇田川勝・橘川武郎・新宅純二郎編（二〇〇〇）『日本の企業間競争』有斐閣。

クレイトン・クリステンセン（玉田俊平太監修、伊豆原弓訳）（二〇〇一）『イノベーションのジレンマ―技術革新が巨大企業を滅ぼすとき』（増補改訂版）翔泳社。

中小企業庁（二〇〇二）『中小企業白書（二〇〇二年版）』ぎょうせい。

C・K・プラハラード（スカイライト　コンサルティング（株）監修・翻訳）（二〇〇五）『ネクスト・マーケット』英治出版。

丸川知雄（二〇〇七）『現代中国の産業』（中公新書）中央公論新社。

宮崎智彦（二〇〇八）『ガラパゴス化する日本の製造業』東洋経済新報社。

第七章　技術進歩と社会

——田舎の不便を楽しむ、夢のまた夢

湊　隆幸

一．技術の能動的作用と価値観の役割

現代社会は、情報の大航海時代である。最近の情報伝達手段の格段の発展は、人間活動をいわゆるグローバリゼーションと呼ばれるような国境を越えた一体化した動きに向かわせた。一体化は国や企業間に競争を促し、その効用は人々に選択機会の拡大をもたらすとともに、その選択が個々人の意思決定に任せられるような自由社会の構築を助長した。一方、皮肉なことに、グローバリゼーションは、多様な人々の価値の対立や資源問題などを浮き彫りにし、食の安全や環境問題から国家の安全保障に至るまでさまざまな副作用を社会にもたらしている。副作用は、たとえば社会の安全や安心問題として現れ、人々が自由を志向してきたことへの対価としての不確実性が増大しているのも現実である。まさに〃フリー

ランチ〃はないのである。

グローバル化は、市場原理とそのための制度や政策を実施する政府の行動をエンジンとして推進されてきたが、それを加速してきたアクセルは科学技術の進歩である。そして、ますます高度化・複雑化する技術システムの存在は、不確実性の問題を社会における重要課題として押し上げた要因の一つと考えられるのである。現代社会における技術は、社会の重要な構成要素として、人々の生活を形作る。それは、単に利便性を向上させるという機能以外に、人々の生活様式に影響を与え、結果として社会変容の不確実性を引き起こすような働きも合わせ持っている。技術の進歩は、今後数十年のうちに後戻りできないほどの社会変化をもたらし、たとえば、急速に変化する情報通信技術（ＩＣＴ）環境により、人々は現在とはまったく違った自己と他者、自己と社会の関係のなかに置かれてしまう可能性がある。

家が監視されていることで、現代（遠い未来から振り返っている）の社会は以前よりもはるかに露出症的になっている。昔の人はこれを不愉快に思ったのだろうが、今では、時にこのシステムの作動をオフにしようとする考えが起こったとしてもそれは馬鹿げている。代わりになる別のものは無いのだから、別の感じ方も無いのだ。人は大きな受け身の集合の中にネットワークされて最も居心地がよいので、他人に仔細に眺められていることに腹を立てることもない。他人とて自分の一部、一種の集合的な自我である（グリーンフィールド、二〇〇八）。

技術は、資源を製品やサービスなどの財に変換する媒介であり、人々の選択肢を拡大する手段である（湊、二〇〇八）。産業革命以後の急速な技術発展は、工業を中心にしたモノの生産効率を重視し、より品質の高い財やサービスを安価で人々に提供するという問題解決手段としての側面が強かった。この意味では、技術の在りようは経済性や利便性というような人々が体現したい価値に対して受動的であり、求められる価値に従属する形で進歩してきたと解釈できる。しかしながら一方、技術には、ニーズに応えるだけではなく、むしろ人々の選択を否応なしに形作るような能動的な作用を社会に及ぼす特性があることにも注意しなくてはならない（ウィナー、二〇〇〇）。たとえば、電子マネーやインターネットの利用は人々に選択権があるが、企業や政府が導入するようなＩＤカード（たとえばｅ‐身分証）により、人々が決められた就業形態や行動様式に仕向けられるような場合もある。それも、好むと好まざるとにかかわらずである。その延長には、個々人の活動が特定の技術システムにより結合され、組織的なルールに置き換えられていく状況すら考えられるのである（エンゲルス、一九六七）。この意味では、技術は、人々の価値観とは無関係に独立な存在と言える。

本章では、情報セキュリティに対する人々（消費者）の価値観と、その周りで通時的に進歩する技術の相互作用により形作られる未来社会の姿を、シナリオに描き出すことを試みる。その際、社会の構成要素としての技術を、単に人々の価値観から発する需要に応じるだけではなく、人々の行動様式や社会基準の再編成にまで影響を及ぼす要素としてとらえる。言い換えると、市場からの需要に応じてなされる企業の技術開発や政府の政策発動が反作用として社会に影響を与えるような、技術進歩の能動的特性を考慮するのがここでの狙いである。

二．未来を語る枠組み

未来を語る枠組みは、二つの説明軸で構成する。第一の説明軸には、技術のユーザーつまり消費者としての人々がいる。ここで言う消費者とは、経済的意味での利便や効率を求めるだけでなく、技術に期待や不安などの主観的な価値を認める人格を意味する。もう一つの軸には、技術社会システムの構成員としての企業と政府の二つのアクターが含まれる。技術社会システムとは、個人の消費動向に関心を持ちながら市場原理の下で技術課題を追求し商品化する企業（技術生産者）と、その方向性や速度に介入する政府（政策・法制度枠組み、予算などの決定者）の組み合わせを意味する。二つの説明軸は、将来の社会を形作るドライバーとしての人々の価値観および企業と政府の行動を含み、この二軸構造から未来社会のシナリオを複数導くのである。

情報セキュリティに対する、人々の価値観は多様である。たとえば、現代の若者はソーシャル・ネットワークと呼ばれるウエブサイトを中心に、彼らの親の時代では考えられないような個人情報をやり取りしている。このような状況で、情報がタダであり、成員の多数が情報の開示に無頓着になるとすれば、プライバシーの境界が曖昧で無秩序化・分散化したような社会になることが考えられる。しかし別の視点でネット社会を見れば、逆に人と人との結びつきが強いイメージも思い浮かぶ。ただし、相手は不特定多数でどこにいるかもわからないような『ステルス社会』[1]の印象である。いずれにせよ、個々のニーズを満たすような個別技術は、ネット社会を構成する重要な要素である。需要に対する技術進歩の方向性は、たとえば無秩序化した社会では簡便な情報公開ツールへと向かうかもしれないし、逆に、結びつきの不透明性から生じる不安を持つ人々が増えれば、保護ツールが重要視されるかもしれない。その線引きがどのようになされるかは複雑であり、世代間や貧富、教育レベルや倫理観念、さらには導入される技術の費用便益などに関連する。このように、人々の関心は技術進歩の方向性を規定する本源的なドライバーである。そこで、ニーズを規定するようなドライバーとしての情報セキュリティに対する関心を、未来を語る枠組みの縦軸にとる。

第二の軸（横軸）では、人々の価値観に対応する技術進歩の在りようを説明する。その片方の極には企業の存在があり、その対極には政府がある。企業は市場を通じた需要側からの要請による商業的成功を動機とし、政府は市場の失敗や社会の維持・改善あるいは公共を名目として科学技術を進歩・普及させようとする存在である。グローバル化における科学技術進歩のおもな推進役は企業であったと言っても過言ではないが、人々の要請が市場側に向かう場合、非効率性と暗迷さにより政府が社会の信用を失墜し、その役割が二次的なものに後退するような小さな政府状況となるであろう。一方、市場原理だけに任せては解決できない公共的側面を含む、たとえば環境やエネルギーのような広域的な未来問題の不確実性が増大すれば、政府の役割が大きくなり技術進歩も政府の政策発動により規定される側面が強くなるであろう。

まず、人々のニーズに応じる企業や政府の行動が、社会の変容を促進するような状況を考えてみよう。たとえば、遺伝情報や医療記録などの漏洩や悪用に対する人々の関心が高まれば、データ蓄積のための基幹技術、あるいは情報のリンクに関わる暗号や認証技術などの開発が企業により促進されるであろう。それに合わせて、政府は企業を補助するような政策あるいは企業倫理（『日経サイエンス』、二〇〇八ａ）を促すような方策を講じるかもしれない。このような企業や政府の行動は、純粋ハード技術だけではなくビジネスモデルや制度などのソフト面の変化を伴い、未来を語る枠組みの第二の軸を成す主たるドライバーとなるのである。

政府の行動には、社会からの要請に沿う受け身的なもの以外に、規制などの強制的な動機がある。たとえば、最近のテロ多発や金融システムの崩壊に端を発した政府の監視制度さらには諜報活動などがこれにあたる。また、経済産業省が発表した『技術戦略マップ』（経済産業省、二〇〇八）の

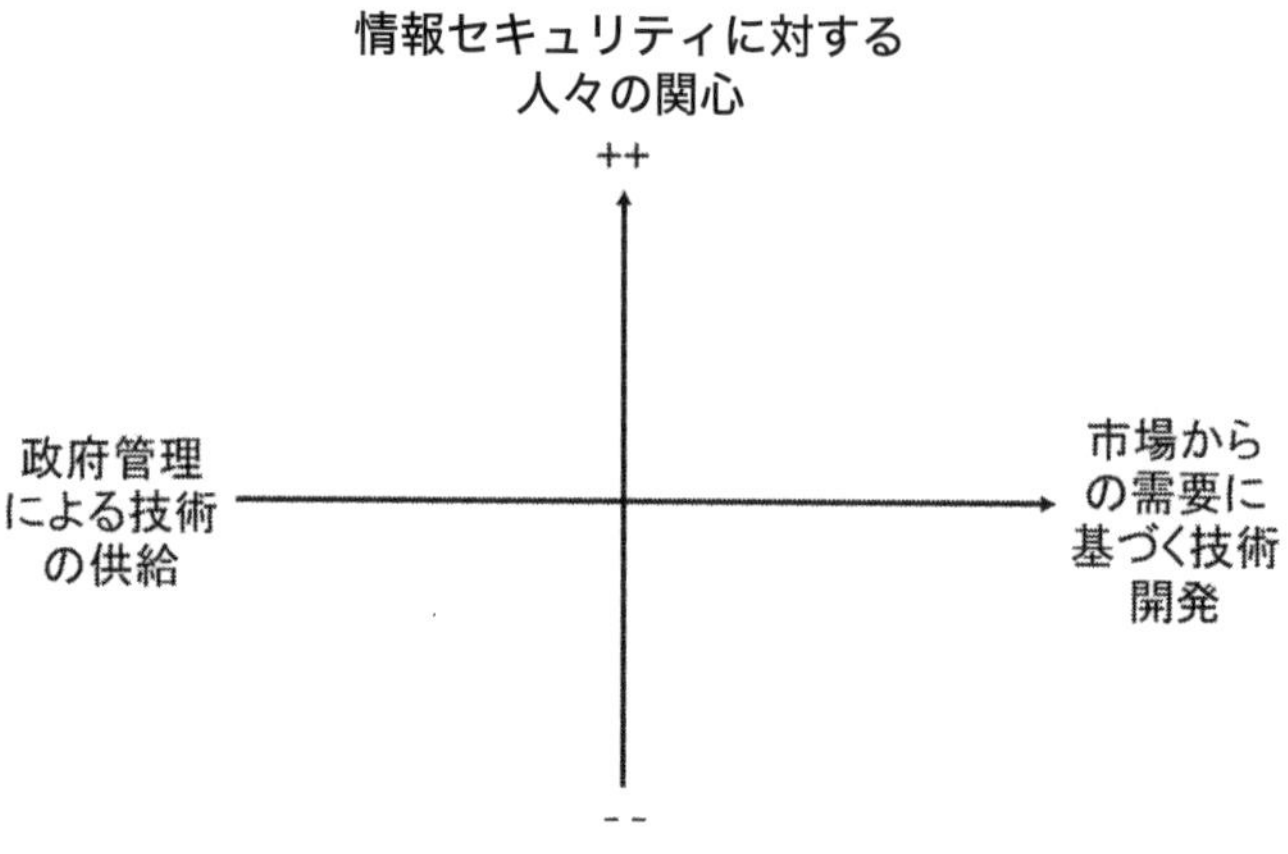

図7-1　未来を語る二軸構造

ように、産業創出などを目的とした提唱や誘導も含まれる。したがって、第二の説明軸に含まれるドライバーには、企業行動や個人の意思決定に対するコントロールを推し進めようとするような、供給的意味合いの強い政府の意思決定も含まれるのである。

図7‐1は、未来を語る二軸構造を図式化したものである。より具体的なシナリオ分析に移る前に、どのような社会をイメージできるか、読者の皆さん自身も考えてみて欲しい。

三．見えている事象

図7‐1に示した枠組みは、見えている事象としてのいくつかの仮説が前提となっている。その一つは、インターネットをベースとする情報の電子化により、これまで守られていたプライバシーの壁はすでに崩壊しており、セキュリティがより重要になっている状況である。まず、プライバシー崩壊の仮説を検証する意味で、いくつかの見えている事象を見てみよう。

総務省によると、二〇〇八年末のネット利用者数（六歳以上）は前年比二八〇万人増の九、〇九一万人。総人口（同）に占める利用者の割合も二・三ポイント上昇して七五・三％となっている（総務省、二〇〇八ａ：二）。デジタル放送については、普及率は二〇〇八年度時点で約五〇％に達しており（総務省、二〇〇八ｂ）、二〇一一年からすべてのテレビ放送がデジタル化されることがすでに決まっている。一方、電子マネーを見ると、交通系の被所有率は、首都圏で約九〇％、東海で約三〇％、近畿圏で約二〇％、九州（福岡）

で一〇％弱である（BB Watch, 2008）。

このような状況が何を意味するかは、明らかである。たとえば、インターネットのプロバイダは利用者がどんなサイトを閲覧しているかを知ることができるし、デジタル放送の事業者は誰がどんな番組を見たかというデータを記録することができる。クレジット会社は個人の購買記録を持っているし、鉄道やバス会社は個人が何時どこへ行ったかを知ることができる。同様に、政府もＥＴＣと呼ばれる高速道路の自動料金収受システムによる車両の移動や、電子旅券による海外への人の出入りを把握できる。さらには、医療情報のような個人の最高秘匿情報も電子化される状況になっている。このような監視は、ＩＣタグと呼ばれる技術によってすでに社会に導入されており、国によっては非接触型のＩＤカードの所持を義務づけられている例もある。

集められる人々の行動パターンや医療記録などは、電子化により永久に保存がきくだけでなく、人々の消費性向などの付加価値的な情報を作成することにも役立つ。しかも、情報が蓄積されればされるほど情報の属性が増えるため、目的に応じた情報の分類分け操作も容易となる。情報セキュリティに対する関心の本質は、現在の若者たちがネットやブログを通じて発信している状況にとどまらない。ＩＣタグ付のカードは、〝自ら情報をばらまくアイテム〟と言われるが、むしろ、ＩＣタグ技術によりすべての人々のプライバシーが丸裸にされつつある状況にあるほうが重要なのである。

プライバシーの崩壊は、一方で、人権や犯罪に対する人々の不安を増大させ、その結果、情報の取り扱いに対する人々の関心を喚起する。ネット社会の訪れとともに、企業による個人情報の漏洩の例は後を絶たない。同様に、遺伝情報の漏洩や悪用についても、人々の関心は高まってきている。米国での調査によると（WPF, 2009）、遺伝情報の漏洩は、①他人のなりすましによる経済的損失、②他人の犯罪の濡れ衣を着せられる可能性、③政府の怠慢による医療機会の損失につながるものとして、社会的関心が高い。統計によると、医療情報の漏洩や誤用による犠牲者であると考える人の割合は、二〇〇一年の八六、一六八人から二〇〇五年には二五五、五六五人へと大幅に増えている。つまり、情報の蓄積から見たプライバシーの崩壊はすでに起きているのであり、人々はそれを見て見ぬふりをしている、あるいは見て見ぬふりをせざるを得ない状況に置かれ、人々の諦めや無関心が助長されるような傾向すら見えてくるのである。

四．将来の見通しが確実に思える事象

情報の電子化によるプライバシーの崩壊が見えている状況で、情報セキュリティへの懸念をさらに複雑にする可能があるのは、さらなる革新的技術の出現である。ＩＣタグは、航空手荷物管理や図書館の蔵書管理から食品流通分野におけるトレーサビリティ、あるいは国際物流における水際での認証や知的財産権侵害物の取り締まりなどに既に導入されている。将来はさらに、身体的特徴や行動パターンによる生体情報を組み入れたスマートカード、さらにはバイオ技術を駆使した生体埋め込みマイクロチップなどの実用化も推進されるであろう。それも、加速度的に。

フィンランドでは、スマートカードが国民証明書に用いられている（PRC, 2009）。カードには、身分だけでなく、携帯電話を特定するための固有ＩＤが記録されたＩＣ機能が組み込まれており、オンラインサービスでの電子認証やメール回覧における暗号処理などに用いられている。将来的には、パスポートなどとの統合による本人確認、あるいは保険情報や年金など公共サービスにも用途が拡大されそうである。一方、生体埋め込みマイクロチップも、すでに動物の病気などの診断に実用化されており、二〇〇四年の狂犬病予防法の輸入検疫制度改正に伴い、日本でも輸入される犬や猫に対するマイクロチップの装着が義務として定められた。人間に対する実用については、病院患者の診断記録を総合管理する目的で、二〇〇四年に米国で認められた例がある（CENT, 2004）。

スマートカードが暗証番号をベースにした従来のカードと大きく異なるのは、複製や推測などがきわめて困難と言われる生体情報を組み込んでおけば、他人の偽装ができない点にある。英国での調査によると、二〇〇五年におけるクレジットカードの不正利用被害は約五億ポンドであり、一九九五年の約八千万ポンドから大幅に増加した（UK, 2005）。ＩＣタグ付のカードの能力は個人認証のような機能をはるかに越えるため、たとえば犯罪者識別などにも使うことができ、安全性や経済的損失の回避が期待できる。つまり、学歴や職歴あるいは病歴だけでなく、身体的・行動的特徴までも含めた個人情報の蓄積と利用が可能になるのである。今後数十年の間に、ＩＣタグを用いた認証や暗証などの基幹技術はますます高度化・精緻化し、バイオなどと組み合わさった新たな製品の実用化は格段に進むであろう。それは、インターネットを介した情報の蓄積が無限にでき、情報取得の価格が極端に安くなれば飛躍的に加速される。さらに、犯罪などに対する安全性の観点からの政府による情報管理の一元化政策なども、実用化を後押しするであろう。

五．見通しが不確実な事象

情報の基幹技術が大きく進歩するであろうという見通しが確実に思える状況の下で、どのような製品やサービスがいつどんな形で現れるかは、今のところ予測がつきにくい。これに関する見通しが定かでない事象を、ここでは三つに分けて考えてみる。一つ目は、「技術コスト体系の崩壊」である。これは、いわゆるイノベーションによる変化であり、技術革新による製品やサービスのコスト構造が不連続的に変化することにより、人々の技術への依存をますます安易にするようなドライバーになる。二つ目は、「政府の政策発動」である。これは、産業振興を推進する触媒、あるいは社会のセーフティーネット構築の担い手としての政府の意思決定である。そして、三つ目には、「人々の技術リテラシーの向上」（技術の特性を理解し、その効用や負の側面を認識できること）が考えられる。自律的存在としての人々が有するリテラシーは、技術社会システムの行き過ぎを是正するようなドライバーとなりうる。

将来の技術社会システムをイメージする際、「科学技術のフロンティアはどこまで行くか、行けるのか」という疑問が最初に出てくる。イノベーションには、製品やサービスの性能を高める「持続的イノベーション」と、短期的には性能が下がるもののまったく新しい特性を生み出す「破壊的イノベーション」があると言われるが（クリステンセン、二〇〇二）、イノベーションがいつ起こるか、あるいはその潜在的効果がどれほどかの予測は、unknown-unknown である。たとえば、データ融合技術[2]がもたらす変化は、昨日までの小企業が大企業を一瞬のうちに飲み込んでしまうような企業間競争を引き起こすと考えられる。あるマーケティング会社は、一連の特徴に基づいて潜在的顧客を特定するデータ融合商品を開発したという（『日経サイエンス』、二〇〇八ｂ）。それにより、従来の手当たり次第の調査法による無駄を避ける、効率の良いマーケティングが可能になるようだ。グローバルな競争下では、企業はサプライ・チェーンと呼ばれるつながりにより結合され、均質な統合データベースを使ったマーケティングから製品開発・販売までが重要と言われるが、データ融合技術から発するコスト体系の劇的変化は、人々の消費選好に影響を与え、強いては将来社会の在りようを方向づけるドライバーとなる。しかし、それがいつどのように現れるかは予測がついていない。

コスト体系の崩壊には、企業のイノベーションだけでなく、政府の意思決定も無関係ではない。たとえば、ＮＴＴ民営化は、通信分野における民間企業の参入と競争を促し、電話やインターネットなどの価格破壊を引き起こした。政府の意思決定には、このような構造改革だけでなく、企業ブランドや知的財産の所有権、商標やマネジメント的コストの転嫁や保護に関わるような政策や規制も含まれる[3]。これからの情報技術社会を俯瞰する上で、たとえば、放送と通信の融合を可能にするような「情報通信法案」や「電波法」、あるいは「消費者法」など施行や改正がどのようになるかは不明である。

政府の行動は、需要側つまり人々からの要請に対して重要であるとともに、公共の安全や安定あるいは保険や医療などにおけるセーフティーネットに対する、政府からの供給という側面からも意味を持つ。たとえば、国民背番号制度やスマートカードを用いたID化、テロ対策のために個人を監視するようなシステムの導入は、技術社会システムの構築に大きく関わるが、個人の自由を越えて政府が公益を重視するような、どのような政策がいつ発動されるのかの見通しも定かではない。

未来の社会変容が、企業や政府がもたらすコスト崩壊や政策発動により規定されるとすると、次には「人々が、加速度的に変化してゆく科学技術の選択の権利を保てるか」という疑問が湧いてくる。技術進歩というアクセルにより加速される技術社会システムは、企業の商業主義的な動機あるいは政府による個人への（行き過ぎた）干渉や管理と常に背中合わせである。情報社会には、デジタル・デバイドと呼ばれる社会格差を生み出す構造が内在する。つまり、情報技術を使える人や国・地域とそうでない者との差が、教育の機会や貧富などの格差となって現れる可能性があるのである。技術が加速度的に進歩していくような社会においては、人口のかなりの部分はたえず学習して技術進歩についていくか、もしくはその逆について行けなくなるような状況になるであろう。選択の権利は、プライバシー法や補償などを政府が完備することも重要であるが、社会のリテラシー（技術を探索、精査、利用する能力）は、プライバシーやセキュリティに対する関心と正の相関関係を持つ要素であり、人々が技術社会システムの在りようを自律的に促すようなドライバーであろう。しかしながら、今のところ、社会の技術リテラシーが将来どのような状態になるのか、あるいは、それを支援するような教育や人々が情報を選択できるような制度の構築などがどうなるのかもよくわからない。

六．シナリオ

これまでの考察をもとに、今後三〇年後における社会変容を書き分けてみよう。すると、図7－1で示した二軸構造により、四つの姿を描くことが可能になる。ただし、ここで描く未来社会はそれぞれが可能性としての場であり、どれかが二律背反的に起こりうるという意味合いはない。

最初に、現在の我々が二軸空間のどこに位置しているかを考えてみよう。今日の多くの消費者は、市場に溢れんばかりの製品やサービスの利便性を享受し続けているにもかかわらず、情報のセキュリティに対する関心がそれほど高いようには見受けられない。また、小さな政府が指向されており、技術進歩も市場に委ねる方向にある。すると、今の社会状況は、**図7－2**右下の「技術歓楽社会」のどこかにあると想定できる。

（一）シナリオ一：技術歓楽社会

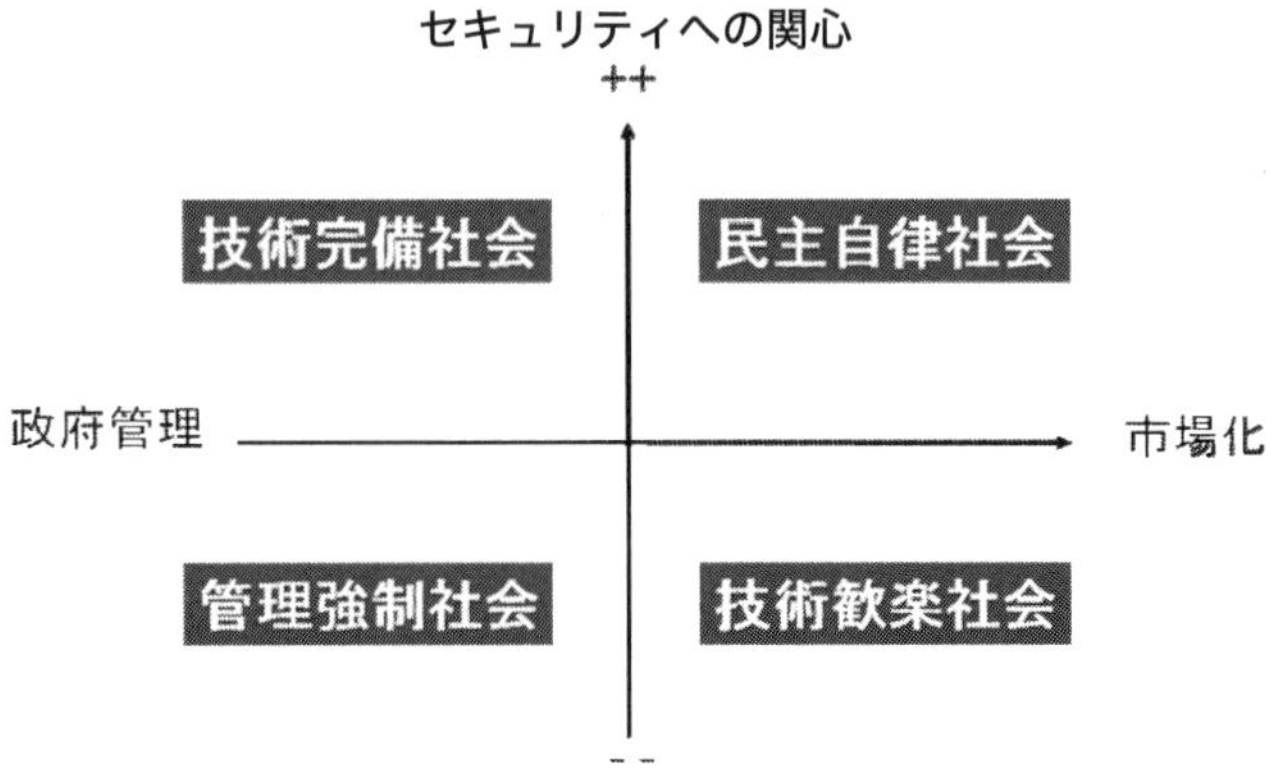

図7-2　四つのシナリオ

技術歓楽社会においては、人々は自己の欲求を満足させることに熱心であり、技術商品の単なる消費者になっている。情報はタダ同然であり、人々の欲求充足はバーチャルな感覚によって満たされ、いわゆるオタクやグーグル人間のような人たちが増殖する。それは過度な技術依存の世界であり、〝キャップのない〟希薄な人間関係（とは言っても、ネット空間での見知らぬ人との出会いの可能性は増大する）が社会を構成する。人々の無秩序な生活スタイルや欲望は、とりとめのない製品開発を促し、企業は個々人の欲求に奉仕する商品を作り続ける。大部分の人々はリテラシー能力を持たず、エネルギーや自然資源の利用効率が低下するような状況も多く見られる。この社会に至るまでには、次のような出来事が起こりうると想定される。

データ融合技術の実用化：技術コスト体系の崩壊が起き、人々のネット依存はますます高まる。しかしながら、革新技術の導入時に立ち現れているはずのセキリティー問題に対しては、社会の大多数の成員が無関心になっている。個人情報は融合が飛躍的に促進され、その自己生成は止められなくなり、プライバシーやセキュリティの議論ももはや意味のないものとなる。「国民総露出社会」の幕開けである。

国民総背番号制度の失敗：政府は、データ融合技術の実用化から発する将来社会の潜在的不安を見越して、国民ＩＤ化を基本とする個人情報の統合化に着手するが、技術歓楽社会においては、若者を中心とした大多数がこの制度を拒否する。また、技術者集団には、新しい製品に関する説明を社会に対して十分に行わない例も出てくる（たとえば、医療治療のインフォームドコンセントの不備）。データの融合化と相まって、プライバシー関連情報が一部民間企業や団体に漏出し社会問題となるが、政府は管理する手段を持てなくなる。

(二) シナリオ二：管理強制社会

市場主導による開発商品の過剰な利便さに嫌気がさし、社会の無秩序・希薄化に疲れた人々は、支払う税金が増えても管理されるほうが安心と感じるようになり、反科学技術的な価値観を持つ〝ドロップアウト組〟が増える。こうして、大きな政府による管理強制社会を敷く機会が訪れる。ここでは、国家が技術開発を主導し、技術を通して社会の管理を強化する。その結果、情報技術を駆使した「超監視社会」が出現することになり、犯罪やテロが激減する反面、逆にプライバシーのない世界となる。大部分の人々は、政府および少数の専門家集団の庇護の下に暮らしている。その背景には、低リテラシーで特に低所得の社会層に対して、その欲求を安価に充足できるようなサービスを提供したいという政府の意図もある。また、企業は政府から国民監視・管理技術関連の開発資金を潤沢に与えられることになるが、技術開発は政府の規制や政策に束縛されることになる。多くの人々が低リテラシーであるために、政府の介入が進みすぎた場合には、技術の健全な進歩が阻害され、結果として資源やエネルギー利用の非効率が顕著になる可能性がある。この社会では、以下のような出来事が想定される。

ICタグ化の定着：技術歓楽社会とは異なり、政府主導の管理システムが円滑に定着する。ICタグを体内に埋め込む制度が導入され、国民すべての行動が政府による「身元分析」[4]で把握されるため、犯罪は大幅に削減される。電子政府化も進み、税金の支払い・徴収も効率化され、社会保険の未払いなどの手続きミスも大幅に削減される。脱税などは非常に困難となる一方で、生活安全保障制度は充実する。

（三）シナリオ三：技術完備社会

同じ国家主導による技術導入が進んだ場合でも、人々の技術リテラシーが向上すれば、住民と政府や企業の調和の下でセキュリティなどすべてが満たされた技術完備社会が現れる。人々はどんな技術が優れているかを理解しており、意思決定についても政府に任せることに不安や不満を感じない（任せたほうが楽なことをわかっている）。企業には、社会システム維持／改善の最適化という至高の目標が与えられる。技術完備社会のイメージとして、ゲートシティのような生活スタイルが想像される。そこでは、エネルギーや食糧の生産／利用を最適化するようなストック技術、安心・安全を担保する情報の一元管理が行われ、高度に集中化された快適な生活が実現する。人々の移動範囲は狭まり、モバイルやロボットへの重要が高まる。その裏返しとして、一方では人と人の関係は希薄になっていく。すべてが完備された社会では他人に対する信頼が不必要となり、ＩＣＴ技術とのインターフェイスのみが人々にとって重要となる。その結果、人間性が喪失するような「閉籠り社会」となってしまう。この社会では以下のような出来事が起こりうる。

情報保護、科学技術教育の強化：はっきりと表れる少子化の影響により、もはや大きな政府を保てなくなる。情報保護法により情報セキュリティへの取り組みが強化されると同時に、人々には自律した行動が求められるようになる。また、移民の増加により画一的な施策の実施が困難になるが、政府による科学技術教育や技術開発支援により、人々の意識とリテラシーのレベルが向上する。

（四）シナリオ四：民主自律社会

科学技術教育の強化が機能し、かつ平均して人々のリテラシーが上がる場合、政府管理の枠を必要としない市民社会型の社会意思決定プロセスが成り立つ可能性がある。政府による管理を好まない人々の価値観は、民主自律社会として具現化されることになる。そこは多様な価値観を持つ人々が、オープンなネットワークで結合された社会であるが、単なる技術歓楽社会とは異なり、人々はナノテクやバイオなどの高度技術の導入・普及についても専門家の議論するところを理解できる能力を持っている。また、個人の意思が尊重される社会であるため、生活様式は多様化し、在宅勤務や遠隔教育／医療、あるいはPtoPビジネスが根づく。高速交通手段やエコカーを使った物流が増えるために、資源利用やエネルギー効率のための革新技術が実用化されない場合、社会負担も増大する可能性がある。政策を実施する政府から見れば、オンブズマンなどの活動が活発となり、「インフォームド社会」に対する要請が高まる。企業にとっては、人々の多元的な目標や価値観から生じる開発リスクが高まるため、先進技術の開発ペースは遅くなっていく。この社会では以下のような出来事が起こりうる。

テクノロジー・アセスメント法案の採択：急速な情報化の落とし穴だけでなく、バイオやナノテクの潜在的な不確実性に気づいている政府は、国民のリテラシーに対する施策を相次いで実施し技術ガバナンス体制の構築を急ぐ。また、科学政策に精通した技術エリートや官僚などを育てるような、教育制度の改革も実施される。テクノロジー・アセスメント（TA）法案は、そのなかの象徴的な動きとなり、このことにより国民も技術リテラシーを高めることの価値を認め始める。

七．おわりに

本章では、社会を一定の方向に向けていくような、通時的な意味での技術進歩が及ぼす社会への影響に目を向けた。そして、技術進歩が国家管理によって強まるのか、あるいは市場主導に傾いてシフトするのかを、人々の情報セキュリティに対する関心との二軸空間で考察し、三〇年後の日本の姿として四つのシナリオを描いてみた。それぞれのシナリオでは、人々の価値観と技術進歩の相互作用がもたらす社会変容を、居住形態などのライフスタイルと関連づけて示し、「製品の場」としての未来社会が直面するセキュリティやエネルギー問題などに対する示唆を加えた。

ここでの分析から得られた未来社会の姿を、一般化して描写すると次のようになる。現状を人々が技術を歓楽的に享受する傾向にあるとすると、技術コストの体系破壊を引き起こすような革新技術の出現は、その傾向を一層助長するであろう。データ融合は、情報社会におけるコスト破壊を引き起こす最も有力な候補である。この社会では、人々の技術リテラシーが低く、情報セキュリティに対する危惧も意味のないものになってしまう。また、無秩序な生活様式のために、エネルギーや自然資源の利用効率が低下する可能性も高くなる。一方で、過度の技術依存は、顕在化する社会問題や人々の反科学的価値観からの反作用による政府管理への要請を高め、管理型社会へ移行するきっかけともなる。この社会は、政府による監視化が進みプライバシーのない世界であるとともに、技術進歩や人々の自律的な意思決定も阻害される。また、行きすぎた管理は、エネルギーなどの有効利用の停滞をもたらす可能性もある。このような状況を打開する有効な方策の一つは、人々の技術リテラシーを高めることである。すると国民と政府の意思決定が上手くかみ合い、管理型社会は、セキュリティが確保されストックやエネルギーの利用が集中的に効率化されるような調和型社会へと移行する。この社会では、鉛直的な集団型の生活スタイルの下でその管理を政府の手に委ねて快適であるが、それは自由とのトレードオフという悪夢と紙一重となる可能性も否定できない。その鍵を握るのが、人々が自律した意思決定を行えるようなリテラシーの向上やガバナンス体制の構築にあるのである。一方で、リテラシーが向上すれば政府管理は無用と化し、個々の多様性が重視されるような分散型の生活スタイルが再び主流となる。人々の要請も再び市場に向けられるが、ここでの消費者は技術歓楽社会とは異なり技術に対する要求の度合が高い。多様な個人の価値観を具現化する水平・独立的な分散した生活スタイルを可能にするためには、資源エネルギー利用などに対する革新的な技術の実用化が不可欠であろう。

都市や環境、エネルギー問題などに関連するような事柄でも、技術進歩の話題は政治的アジェンダとして明示的に取り上げられることは少ない。それは、必ずと言ってよいほど、短期的な意味での経済的帰結のみがクローズアップされるからである。わが国で言う「技術立国」の意味合いも、そこに集約されると言って過言ではないであろう。つまり、技術社会システムの担い手である企業や政府の目は、役に立つモノを作る手段にしか向けられていないのである。そこでは、技術は経済的な追加効用をもたらす道具である。そのような見方は、財やサービスをどのように社会に分配していくかといった問題に対する解を与えてくれるが、社会の構成要素としての技術進歩が将来の人間社会の構築にどのように関わってくるかというような本源的な問いには無関係である。ここでの分析は、したがって、市場からの要請に応じる受動的側面からの技術進歩だけではなく、社会変容を反作用的に促進する技術進歩の能動的側面に焦点を当て、技術社会における政策的含意を多角的に提示することを試みたものでもある。

注

1　ステルス（stealth）とは捕捉が不可能の意であり、相手がその存在を探知できない飛行機はステルス機と呼ばれる。

2　データ融合とは、複数のデータを統合し、単一のデータからは得られない情報を生成したり、その情報の確からしさを高めたりする操作を意味する。たとえば、カジノはデータ融合の先進地である。そこでは、顧客や従業員の個人データベースを融合、分析して、危険な顧客や従業員を特定し被害防止に活用している。ガーフィンケルによると（『日経サイエンス』、二〇〇八b）、電子世界に存在する全個人情報を結びつけるデータ融合は、人が思っているほど簡単でないらしい。

3　たとえば、中国政府は独自に「強制製品認証制度（ＣＣＣ認証）」を導入している。ＣＣＣは、China Compulsory Certification の略であり、人の健康や安全、環境などに悪影響を与える可能性のある製品について強制的に安全性を確認する認証制度であるが、最近、海外からのセキュリティ製品のソフト技術情報（暗号ソフトコード）の開示を求めている。（『日本経済新聞』二〇〇九年四月二五日付）。このような通商上の問題解決に当たる政府の対応も、技術進歩の在りように大きく関わる。

4　電子世界に存在する情報を、現実の人物と合致させること。

参考文献

ウイナー（Winner, L.）（吉岡斉・若松征男訳）（二〇〇〇）『鯨と原子炉』紀伊国屋書店。

エンゲルス（Engels, F.）（大内兵衛・細川嘉六訳）（一九六七）『権威について』（マルクス・エンゲルス全集一八）大月書店。

クリステンセン（Christensen, C.M.）（伊豆原弓訳）（二〇〇一）『イノベーションのジレンマ』翔泳社。

グリーンフィールド（Greenfield, S.）（伊藤泰男訳）（二〇〇八）『未来の私たち―二一世紀の科学技術が人の思考と感覚に及ぼす影響』ＮＰＯ科学技術社会研究所。

経済産業省（二〇〇八）「技術戦略マップ二〇〇八」、http://www.meti.go.jp/policy/economy/gijutsu_kakushin/kenkyu_kaihatu/str2008.html を参照。

総務省（二〇〇八ａ）「情報通信データベース」。ここでは、http://headlines.yahoo.co.jp/hl?a=20090404-00001177-yom-bus_all の記事を引用した。

総務省（二〇〇八ｂ）「地上デジタル放送に関する浸透度調査の結果」、報道資料、平成二〇年五月。

『日経サイエンス』（二〇〇八ａ）「ネットが蝕むプライバシー」（二〇〇八年一二月）。

『日経サイエンス』（二〇〇八ｂ）「全世界の情報、統合せよ！」（二〇〇八年一二月）。

湊隆幸（二〇〇八）「資源への働きかけの媒介としての技術」佐藤仁編『資源を見る眼』東信堂。

BB Watch (2008), http://bb.watch.impress.co.jp/cda/news/22523.html.

CNET News (2004), http://news.cnet.com/Under-the-skin-ID-chips-move-toward-U.S.-hospitals/.

Population Register Centre (PRC) (2009), http://www.fineid.fi/vrk/fineid/home.nsf/.
The World Privacy Forum (WPF) (2009), http://www.worldprivacyforum.org.
UK Home Office (2005), "Card Fraud the Facts 2005".

第八章　日本の二〇四〇年将来社会像

角和昌浩・上野貴弘・鈴木達治郎

本章で試みることは、個別分野のシナリオに基づきつつ、将来社会の全体像を、複数描き出し、次章で展開される公共政策論への橋渡しをすることである。

本書の第一の関心は、将来のさまざまな可能性を考慮に入れた公共政策や、政策を立案・実施する際に求められる分野横断的なガバナンスのあり方を論じることである。前章までに、「高齢化」、「都市と交通」、「食と農」、「日本企業のアジア展開」、「技術進歩と社会」という五つのテーマを取り上げて、さまざまな未来像を示した。それぞれの分野で、将来の不確実性を考慮した公共政策が求められるが、加えて、政府の役割の再定義や複数分野にまたがる分野横断的な課題への対応といった個別分野を越えた政策対応が必要とされよう。

第二の関心は、将来社会における持続性の確保に必要とされる技術の普及にある。第七章を振り返ってみよう。技術の普及には、①民間先行（政府支援）型、②国家主導型、③政策誘導（規制）型といった代表的なモデルが存在することを紹介した。未来社会において、これらのモデルが有効に機能するか、あるいはこれらとはまったく異なるモデルが必要とされるのかは、その社会の有様や民間と政府の関係に依存するだろう。さらに、第七章では、技術の普及には、技術のユーザーの集合体としての「社会」の意識や価値観が影響する事情も指摘した。エネルギー供給側の技術は変動の幅が小さいが、需要側の技術はユーザーが生活のなかで技術を「選択していく」ことで普及することからわかるように、ユーザーの嗜好という不確実な要素にさらされる。

以上のような問題意識の下では、日本の未来社会における「政府の役割」や「人々の価値観と生活」の在りようは、現在確かな見通しを持てない、と言わざるを得ない。

一．今後確実に起こると思われる変化

さて、個別分野のシナリオ作品を読まれてお気づきのように、我々執筆者は共通して、以下の三点を今後、確実に起こると思われる変化であるととらえている。

①わが国の人口の減少と超高齢化社会の到来

わが国は，人類がこれまでに経験したことのない速度で高齢化が進んでおり，二〇五〇年には，

三人に一人は老齢人口となるであろう。

②地球環境問題に対する関心の向上と国際的責務

今後、世界各地で起こる異常気象のニュースを通じて、日本では地球環境問題に対する社会的な関心が高まるだろう。また、ポスト京都議定書において、一層の環境負荷軽減施策が国際的に義務づけられることも予想される。

③情報通信技術（ＩＣＴ）の一層の発展と普及

インターネットを用いた高度情報伝達技術は、不可逆的にめざましく開発されてゆく。

これらの長期的な変化のトレンドを取り込みながら、わが国における未来の「政府の役割」と「人々の価値観と生活」を不確実要因と捉え、特徴的な三つのシナリオ作品を書いてみよう。

二．三つの社会像の概観

第一の社会像は、官から民へのシフトが今後も継続し、個人の自己選択が重視される「自己実現社会」である。この社会は、市場メカニズムの活用を通じて、現在の社会問題を解決することを志向する。政府は、市場メカニズムのなかにインセンティブスキームを入れ込もうと工夫をこらす。制度設計に成功して好況を生み出すこともあれば、失敗して金融危機を引き起こすこともある。主体（企業や個人）の自己責任が貫徹される。努力が報われる一方で、敗者に救済はない。結果として、人々の貧富の差が拡大し、固定化する。市場は富裕層マーケットと貧困層マーケットに二極化する。富裕層に有利な政策が採られるため、小さな政府が目指され、財源不足は主として消費税率の引き上げで補われる。介護等のサービス労働を満たすために移民を受け入れる。外資導入が経済成長のエンジンとなり、成長が持続する。一方で、貧困層が集まる都市中心部の治安が荒廃し、郊外化が加速する。公共交通は廃れ、自動車という個人交通を中心とする移動システムが強化される。

第二の社会像は、政府が主導して日本社会のあるべき将来像を定立し、その実現に向かって、着々と政策手段を獲得し、政策を打つ、という国家主導型社会である。政府は社会保障制度を充実させ、コンパクト化した都市に重点的に福祉サービスを供給しようとする。次第に日本各地に拠点都市が現れる。この社会では、少子高齢化や所得格差といった社会問題が技術的・制度的に対処される。たとえば、介護サービスはロボットが担い、トレーサビリティ制度が食の安全を確保する。これらの技術や制度は公共インフラと位置づけられ、二一世紀型のナショナルプロジェクトとして、政府支出により開発と導入が進められる。年金制度の改革、そして医療、介護、教育、および育児支援といった公共サービスを効率的に行うため、コンパクト化が進められ縮小均衡化が図られる。この社会は「都市国家社会」を目指している。このような制度革新による問題解決手法が日本発の独特のソリューションを促し、やがてそれらは海外にも紹介されてゆく。他方で、中央政府は、開発・実用化されたＩＴモニタリング技術と国民総ＩＤ化の完成を待って、国民の安全・安心を守る監視社会を作り上げる。国民を守るための監視であるが一部では、生活者である国民の権利が国家により侵されることも起きる。この社会では政府の役割は縮小から拡大に転じ、財源不足は消費税、法人税、相続税、すべての増税で補われ、日本は先進国でも最も高い税率を課す国となる。一方で、日本は安全な住みよい国としてアジア諸国の模範となり、多くの観光客が訪れる観光大国となる。

第三の社会像は、市場でもなく、政府でもなく、コミュニティによって社会問題の解決を目指す「新しい公の社会」である。ここで、コミュニティとは地域的な共同体を指すが、必ずしも家族制度に基づく血縁や地域の伝統に根付く地縁とは限らず、地理的空間を越え、思想・信条・関心・知識で結びつく「知縁」などさまざまな縁で結ばれている。これが「新しい公」の土台となる。食料やエネルギーの地産地消が叫ばれ、介護などの社会福祉も地域での支えあいのなかで実現する。人間の輪やソフトパワーが充分に発揮され、低所得者層の生活の安全・安心が非常に向上する。日本全体がＬＯＨＡＳ型社会に転換し、生活環境は著しく改善する。しかし、共同体への貢献が何よりも重視され、ただ乗りや逸脱が厳しく監視される。この平等重視社会では相続税と法人税が強化され贅沢税が導入される。

それでは以下、三つの社会像を描出してみる。ここでは、二〇四〇年時点に現出する社会像のみを描く。現在から長期未来までの変化の時間展開や、変化をもたらすドライビングフォース、あるいは複数シナリオに展開してゆく契機となる分岐については、扱わない。

三．自己実現社会

この社会像の着想は高齢化シナリオにおける「個が自己責任で自己実現する社会」から得ている。この社会では、サクセスフル・エイジング思想が社会全体に広まり、老後の生き方が自己選択に委ねられ、思い通りの老後を過ごせる人たちが増える一方で、そのような自己選択についていけない人口が脱落してしまう。社会保障の支給が削減されるため、老後の生活はそれまでの貯蓄に大きく依存するという「老いの自己責任化」が起きるために、備えがあった高齢者となかった高齢者の間に貧富の格差が生まれる。

これは、現在私たちの目の前にある格差社会が、将来にわたって格差を拡大しながら存在しているというイメージである。そこで、まずは格差社会という視点から、この社会を見てみよう。以下では、富裕層や貧困層を描いたルポタージュや各種の市場分析・実証分析で現状を確認しつつ、必要に応じて、本書のシナリオ作品を参照する。

まず、富裕層を見てみよう。富裕層マーケットを定点観測している野村総合研究所によると、二〇〇七年までは富裕層の市場は拡大している。ここで、富裕層とは保有金融資産一億円以上の世帯を指す[1]。拡大の背景には株価の上昇があるが、二〇〇八年の金融危機後は縮少している可能性がある。二〇〇七年までの景気の拡大局面では、増加する富裕層向けのマーケットに関心が集まっていた。たとえば、コンシェルジェのような個人向けのサービスや資産管理のサービスが人気を集めている。「高齢化」で描かれた「個が自己責任で自己実現する社会」では、富裕層の高齢者向けに、都心部では高級介護マンションが立ち並び、一方で豊かで元気な高齢者用の大規模にリフォームされた田舎の住宅への需要が高まる。このように、富裕層は、のびのびと元気に暮らしている。

一方、貧困層はどうか？　日本の貧困を詳細に実証分析した橘木・浦川（二〇〇六）では、貧困が深刻化しているのは、高齢単身者、若者、失業者、そして働けど所得が低いワーキングプアとされている。高齢者に関しては、年金制度に加入していない一方で、貯蓄もないために、貧困に陥りやすいようである。NHKスペシャル『ワーキングプア』取材班編（二〇〇七）には、生活が苦しいために七〇歳を過ぎても公園清掃で働き続けている人々が描かれている。前述の「個が自己責任で自己実現する社会」では、低所得の高齢者の住まいは都市部の木造賃貸アパートや郊外の公営・公団団地といった低価格の住宅に選択肢が限られており、さらにはブルーカラー高齢者の（強制）労働参画が現れている。

若者が置かれている状況も厳しさを増している。いったん、非正規雇用になると、所得が低いままにとどまり続ける。雨宮（二〇〇七）は、過酷な労働条件の下で働き続けて、ぎりぎりのところで生存している若者の姿――たとえば漫画喫茶で暮らすフリーター――を克明に描いている。ホームレスとなった若者は、中年や高齢者になったときに、どうなってしまうのか。

「自己実現社会」では、今はまだ人数の多い中間層が徐々に富裕層と貧困層に分かれていき、社会全体で格差がより鮮明になる。現在、観察されている上記のような富裕層と貧困層が、それぞれに厚みを増すのである。

では、政府の役割はどうか？　この未来社会では小さな政府が目指される。「官から民へ」がさらに進んでいる。格差社会を助長すると批判された新自由主義的な政策は、二〇〇八年の世界金融危機を契機に見直されるものの、結局、長期的には政府の役割を限定し、市場メカニズムの活用を通じて、現在の社会問題を解決することが志向される。政府は、市場メカニズムのなかにインセンティブスキームを入れ込もうと工夫をこらし、従来、政府の役割が大きかった社会保障の分野でも病院の株式会社化や医療保険と年金の民間シフトが起こるだろう。貧困層が声をあげないため、富裕層に有利な政策が採られており、財源不足は消費税率の引き上げで補われている。

人口の高齢化が進むなかで、高齢者が加速的に貯蓄を切り崩すため、国内で投資にまわせる資金が枯渇し始める。そこで政府は外資規制を撤廃し、法人税を引き下げて、積極的な外資導入によって経済成長を図る。プライベートエクイティなどの投資ファンドによる日本企業買収が進み、経営の国際化が推し進められてゆく。わが国出身の企業は、強さと活力を取り戻し、技術開発力と製品開発力で、世界に引けをとらない。日本企業は国内富裕層をターゲットにした製品やサービスを開発し、それらは欧米やアジア地域の富裕層にも受け入れられてゆく。

少子高齢化に伴う若年労働力の不足を補い、また高齢化対応に必要とされる介護等のサービス労働を低廉な価格で満たすために、日本は移民を本格的に受け入れる。が、底辺労働における移民との競合は、貧困層の置かれている状況をさらに厳しくする。貧困層が集まる都市中心部では治安が荒廃し始める。「高齢化」の「個が自己責任で自己実現する社会」では、二〇二〇年を過ぎた頃に移民庁が発足し、二〇三〇年頃になると、経済状況によっては、移民と貧困層の対立・暴動が起きかねない。富裕層の都市住民は郊外に移住してゆくだろう。富裕層が住む都市地域では、高度に発達した情報通信技術（ＩＣＴ）を活用して、ハイテク警備・警戒システムが、民間の警備保障会社により整備され、富裕層の安全を確保する。

自己選択を貫徹する社会では、移動の自由を確保するための乗用車と、広い居住空間を確保できる郊外住宅が好まれる。その結果、都心部の公共交通は廃れ、乗用車を中心とする交通システムが強化される。「都市と交通」における「個人交通中心型都市モビリティ」シナリオでは、ＥＶ利用者や歩行者のためのＩＴＳ技術を駆使した、ハイテク道路ネットワークが整備され、交通事故がほぼゼロに近づく社会が現れる。ＩＣＴ技術を用いた高水準コミュニケーションの実現により、在宅勤務や自宅におけるネット上での買い物が当たり前になる。

自己実現社会におけるエネルギー・環境関連技術の未来

「自己実現社会」は日本社会の長期未来イメージの一類型である。この社会が二〇四〇年に出現しているとして、現在我々に見えているエネルギー・環境関連技術は、将来に向かってどのように展開してゆくのだろうか？「自己実現社会」を、さらに具体的に長期未来の「エネルギー・環境技術の製品の場」として想像した上で、この社会で起こることをスケッチしてみよう。

「自己責任社会」では、高齢者も若者も独立して住むようになり世帯当たりの人数が少なくなる。高齢化シナリオの分析によると、一人暮らしの世帯は四人で住む世帯に比べ、世帯当たりのCO_2排出量は約四割も多い。さらに、一人暮らしが増えれば、小型の家電機器が普及する傾向が高まる。たとえば、同じコ・ジェネレーション設備でも、一人暮らしでは小型の燃料電池システムが普及し、同居世帯が増えて集合住宅化すれば、大型のコ・ジェネレーションシステムが普及するだろう。自立した個々人は多様なエネルギー源を要求し、エネルギー効率よりも機能を重視する。そのため、個人の居宅のなかに入り込んで居宅全体を、住人の嗜好と利便に合わせて、電子化・ロボット化する総合エネルギー・ICT企業が流行るだろう。

私的交通手段が中心になるのであれば、温暖化ガス削減には電気自動車の普及が不可欠である。また、乗用車中心の社会は分散型の居住を許す。そのため物流が増加するため、エネルギー消費は相対的に増加しそうだ。

このような技術開発の中心で活動するのは、今や多国籍化・グローバル化して強力になった日本出身の企業群である。

四．都市国家社会

第二の将来社会像は、現在直面している社会問題が政府主導により技術的・制度的に華々しく解決される、というものである。政府は、長期的な見通しを立てて、着々と、都市のコンパクト化を進め、福祉サービスと重点的かつ効率的な供給を行ってゆく。人々は政府の政策にしたがい、郊外部や農村部から都市部に大規模に移住し、あたかも都市国家のような人工密集地域を形成する。そのような拠点都市が日本に多数現れるのがこの社会像である。医療、介護、教育、テレワーク、環境、エネルギーの先進技術が社会の共通基盤として用いられ、低負担で高福祉の社会保障制度が成り立っている。東京大学・三菱総研（二〇〇九）は、「人口減少超高齢社会の国と地域の形」と題して、拠点都市のイメージを活き活きと語る。この作品や本書の分野別シナリオに依拠しつつ、「都市国家社会」の様相を見ていこう。

国土の均衡ある発展、これが戦後日本政治の国是であった。だが、人口と経済の右肩上がりが失われると、社会資本整備と維持については、選択・集中する必要が出てくる。そこで二〇三〇年頃に訪れる老朽化したインフラの大量更新期をにらんで、政府は公共投資と公共サービスのありかたを抜本的に変えてゆく。公共投資を全国一律の基準で行えば無駄が生じる。そこで、中央政府は資金の分配役に退き、地域社会の事情を踏まえる地方自治体に選択と集中の権限を移す。そうなると各地方自治体は、公共投資と公共サービスの効率化を目指して、居住地域の集積化政策、すなわちコンパクトシティ政策を推進してゆくだろう。拠点都市への集約を進めることによって、インフラ投資が抑制され、医療や介護、教育などの公共サービスも効率化されてゆく。地域の総人口は減ってゆくが、計画的な人口移動によりコンパクト化によって賑わいのある生活空間が誕生する。公共空間は計画的に設計され、新技術の導入も計画的に推進することができる。

他方で、「都市と交通」における「公共交通中心型都市モビリティ」シナリオで指摘するように、都市居住者が急増する反面、農業従事者が減少、農村部の荒廃が進むのだ。

二〇四〇年の拠点都市の生活空間では、情報通信技術（ICT）を活用したモニタリングシステムが著しく進展している。たとえば、食品については、安心・安全を求める国民の声にこたえて、徹底したトレーサビリティのシステムが導入されている。「食と農シナリオ」における「空洞化シナリオ」では、食の安全への消費者の不信感を、徹底したトレーサビリティ制度によって解決している。交通や物流についても、ICT技術によって交通流を最適制御するシステムが構築され、都市のコンパクト化を支えている。「公共交通中心型都市モビリティ」シナリオでは、技術の進展により、目的地情報提供、乗換支援、運賃収受等の改善が行われ、公共交通の利便性が、飛躍的に向上している。

このようなICT技術の大規模開発・導入は民間活力を使いつつも、ナショナルプロジェクトとして中央政府の主導の下に進められる。全国的なモニタリング技術と国民総ID化の完成を待って、中央政府は、国民の安全・安心を守る「監視社会」を作り上げる。監視社会とはいえ、国民は「見張られている」というよりは、「見守られている」と感じている。安全・安心社会を作り上げた政府への国民の信頼は高い。ただし、一部では個人の権利が侵害されるような事件も起きる。

医療や介護といった社会福祉の分野でも、新技術が導入される。少子高齢化による若年労働力の減少に伴い、看護師やケアワーカーといった労働力が不足する。これを補うのが、ロボットである。食事支援ロボット、移動支援ロボット、リハビリ支援ロボットといった高齢者の生活を支えるロボットが高齢者住宅に標準装備されている。政府は税控除や補助金によって、ロボット付き住宅を支援している。病院では、看護のみならず、医療にもロボットが活用されている。

このような先端技術の開発と導入が、「二一世紀型のナショナルプロジェクト」として、国家主導で行われるのである。日本発の技術ソリューションが花開き、それらを欧米諸国などに事業展開することで日本経済が潤うことができる。ただし、新しい技術分野における国際標準化を勝ち取り、社会の活力の源泉となるこれらの知的財産はきわめて排他的な管理の下に置かれる。

もう一つの政府の役割は社会保障である。中央政府および地方政府は、国民の生活格差の是正をあきらめない。一定水準の生活が困難な人には、高齢者向け集合住宅の無償斡旋、食事サービス、医療サービスなどの現物支給がなされる。このような、福祉を高齢者だけではなく、全国民にも適用する考え方を「最低限所得保障（ベーシック・インカム）」と言い、最近、注目を集めている。東京大学・三菱総研（二〇〇九）は、年金制度の抜本的組み替えを提唱している。国の責任は全員に一律にサービスする「基礎的生活保障の給付」とし、全額、税方式である。それ以外に、民間（個人年金、企業年金等）および、地方自治体による地域レベルでの公的拠出の上積み分が存在する。各地方自治体は、上積み分を金銭で給付するのみならず、地域通貨やボランティアによるサービスなどの実物支援を組み合わせてもよい。

少子高齢化の影響が現実化して、移民の受け入れは避けられない。が、政府は移民を、戦略的に受け入れ、戦略的に配置してゆくのだ。

このように、政府の役割は新技術の導入と福祉の高度化の両面において拡大し、財源不足は、消費税、法人税、相続税のすべての増税で補われる。その結果、日本は先進国で最も課税率の高い国となる。高い福祉の下で、経済格差は縮小し、中間層が再び厚みを増す。

都市国家社会の未来像には不吉な影が射している。政府の力が強すぎるかもしれない。全国民を常時モニタリングする手段を獲得した政府は、「技術進歩と社会」シナリオに活写されたように、国家・政府が巨大な技術開発を主導し、データ融合の革新的技術を開発し、それら新技術を排他的な管理の下に置くだろう。つまり、政府がこの新たなＩＣＴ技術とのインターフェイスの主たるユーザーとなってゆく結果、管理強制社会が出現する可能性があるのだ。

都市国家社会におけるエネルギー・環境関連技術の未来

技術開発とその普及は政府主導で行われている。コストが高くとも、あるいは社会受容に多少障害があったとしても、エネルギー・環境関連技術は普及する可能性があるが、おもに供給側の技術が注目されることになろう。つまり、安全制度への信頼が高まれば、原子力や火力発電所についても立地が進む。「都市国家社会」は公共交通中心の社会である。当然エネルギー効率は高い。拠点都市全体の総合公共サービス、電力・ガス・水道・通信などのサービスを一手に供給する「公共サービス公社」が出現するだろう。ＩＣＴ技術の高度な発達は必然で、「公共サービス公社」は需要側管理のためのスマートメーターを各戸に据え付けている。送配電網の「スマート化」も政府主導で進むことになる。「都市国家社会」は国民が気づかないまま、国民に省エネを強制する社会である。

五．新しい公の社会

第三の社会像は、自律分散的な地域コミュニティが日本中に多数出現し、コミュニティ内部の共助によって、人々が支えあい、環境にやさしいライフスタイルを実現する社会である。この社会の着想は、高齢化シナリオにおける「新たな公による福祉重視社会」から得ている。ここで、支えあう人々のつながりは、必ずしも家族制度に基づく血縁や地域の伝統に根づく地縁とは限らず、思想・信条・関心で結びつく「知縁」などさまざまな縁で結ばれている。これが「新しい公」の土台となる。

この種の理念的な社会像は、すでに数多く描かれている。たとえば、国立環境研究所が提示した「日本低炭素社会のシナリオ」で描かれている二つの将来社会像のうち、分散型／コミュニティ重視の「ゆとり社会」と題されたシナリオがその一例である。（もう一つの社会像は都市型の「活力社会」である。）（西岡、二〇〇八）。また、東京大学・三菱総研（二〇〇九）も「実物支給と助け合いの社会（共助）」という未来社会を提案している。

まず、国立環境研究所の「ゆとり社会」を概観しよう。この社会では、都心から地方への人口・資本の分散が進み、地方都市や農村が活性化する。地方や農村で第一次産業（農林業）の復権はめざましく、逆に第二次産業（製造加工業）はシェアが低減し、地域ブランドによる多品種少量生産に移行している。農村では、専業／兼業の農家のみならず、自然が豊かな地域に自宅とホームオフィスを構え、ＳＯＨＯによって収入を得ながら、自ら家庭菜園を営み、おいしく安全な食と健康的な生活を求める家族が、多数見られる。人々のボランティア活動はきわめて盛んである。

地方でも十分な医療サービスや教育を受けることが可能になるなど、不便のない生活が実現して、日本の人口減少もある程度抑制される。つまり、東京圏へ集中していた人口移動とはまったく逆のトレンドが生まれる。二〇二五年頃から、農業や林業に対するパラダイムシフトが起こり、農村や山村への人口回帰が進む。結果、各都道府県内における都市地域・農村地域・中山間地域の人口比率が二〇二〇年代中頃をターニングポイントとして二〇五〇年には二〇〇〇年水準に戻る。

東京大学・三菱総研（二〇〇九）によれば、かつて、農業社会では大家族と耕作地を中心とする地縁が地域社会を形成していた。近代欧米では産業化が地域コミュニティを破壊したとされるが、わが国では会社と企業内労働組合が疑似コミュニティとなってきた。ところが、工業社会が終焉した未来では、ワーキングプアや独居老人を大量に生み出す格差社会が出現している。この状態を個人の責任と、国の責任との、どちらかで解決するのは双方にとって負担が大きい。そうではなくて、損得ではなく助け合うことにより自立する、という本来の人間社会を復活させることが必要なのだ、と訴える。助け合いの方法として有効なのは地域コミュニティのなかでの現物支給だ。わが国には有効利用されていない住宅や大量の廃棄物があり、一方にはリサイクルやボランティア活動に従事したいと考える人（すなわち遊休の労働力）もたくさん存在するのだ、という。

本書のシナリオ作品も、個別分野に切り込みながら、地域コミュニティが多数分散している社会像を描いている。たとえば、「高齢化」における「新たな公による福祉重視社会」シナリオでは、「お上」という中央政府への依存から脱却し、さまざまな種類の社会的紐帯に基づく新たなコミュニティが立ち現れている。このコミュニティのなかで人々はお互いに支えあって生きている。たとえば、高齢者は独居ではなく、集団で生活することで支えあいの輪に取り込まれている。家族と暮らす場合には二、三世代の同居で、そうではない場合にはコレクティブハウスのように血縁で結ばれない人々と一緒に居住している。

「食と農」の「地域再生」シナリオを敷衍すれば、この未来では日本農業の後継者不足が解消されている。地銀などによる農業ファンド、農協、土建などの地場産業を中心とした地域の小規模な食料産業クラスターの形成が目指される。定年帰農や若年帰農といった「帰農ブーム」がこの流れを加速し、さらに市民農園、ワーキングホリデイ、農業起業、二か所居住による週末菜園といった形で新規の農業参入が起きる。人手不足を補うために、外国人労働者が、専門労働者として地域コミュニティに定住し、農業その他の関連産業に就くようにもなる。

助け合い地域コミュニティを中心とする「新しい公の社会」では、経済成長は緩やかであろう。国立環境研究所のシナリオでは、「活力社会」は年率二％でGDPが成長するが、「ゆとり社会」では一％成長である。医療、介護、教育等の分野で、人々の互助を促進し、ボランティア経済を循環させるために、コミュニティへの貢献に対して明示的な価値を持つ地域通貨が大規模に導入されている。政府の役割は、コミュニティの活動を側面支援することにある。また、財源の多くは、地方に移管されている。介護、教育、医療は地域の協力で解決されるため、大きな政府財源を必要としないが、人々の平等を重んじるため、消費税が据え置かれ、財源が不足したときには法人税、所得税の累進課税、相続税が強化される。

ただし、生活必需品を安価で安全に供給するための財源として、奢侈品には消費税に加えて、贅沢税がかけられる。

「新しい公の社会」の技術開発の中心的な担い手は、大企業から地域に根ざしたＳＯＨＯやローカルベンチャーに移行する。「地域再生」シナリオでは、食品が地域ブランド化し、観光業や地場の食品産業との融合連携が起きる。同様に、新技術や新製品の開発でも、地域ベンチャーが、地元の大学・研究機関との開発を協働し、地元自治体との連携によって新技術導入の社会実験を行っている。導入に成功すれば、その技術を地域ブランドの下で、全国的に販売する。

ただしこれらの技術・製品開発の規模は、前述の「自己実現社会」や「都市国家社会」のそれと比べて、格段に小さい。環境にやさしいライフスタイルを目指す「新しい公の社会」は、どちらかといえばローテク社会である。

「新しい公の社会」では、「ゆとり社会」には描かれていない負の社会的側面にも注目したい。それは、コミュニティ社会の表面的な麗しさとは対照的に、この社会を成立させるために、強制や排除といった自由を制限する仕組みが埋め込まれるかもしれないことである。家事、介護、教育、医療といった基本的なサービスが家族と近隣との協力で成り立っている。地域通貨で誘発された人々の自発性だけでは十分な協力が得られないのであれば、コミュニティのなかでの何らかの強制力を働かせざるを得ないだろう。「村八分」という非協力者の排除という消極的制裁行為は、その古典的な一例である。コミュニティから排除されると生きていくのが困難となるため、「コミュニティへの同調」という圧力が生まれるのである。この社会では移民受け入れはきわめて限定的であろう。「新たな公による福祉重視社会」では、生産年齢人口が高齢者の日常生活を支えるように仕向けるために、二、三世代同居が標準化される。支えあいがお互いの監視の上に成り立つために、監視技術が発展し、人々のプライバシーへの意識が低下している。

「新しい公の社会」におけるエネルギー・環境関連技術の未来

大家族が同居する「新しい公の社会」では、世帯当たりの人数が多く、これは、世帯当たりのエネルギー消費に影響を与えるだろう。たとえば、同居世代やコレクティブハウスなどの共同生活化が進めば、そうした住宅に適したエネルギー利用機器が普及する。国内の電力送配電インフラの維持更新は、分散型の社会設計をとるこの社会のＩＣＴライフラインとして重点投資がなされる。コミュニティでの「自給自足」型エネルギーシステムが促進されるが、量的な不足は経済活動の縮小と省エネルギーの促進でまかなうことになる。

自給自足とリサイクル。地域の農林業を核とした分散型エネルギーシステムが工夫される。中山間地にも光が当たり、わが国の森林資源を有効活用した国内産のバイオ燃料の量産化が図られるだろう。里山の森林の手入れは、たいへん人気のあるボランティア活動である。

「新しい公の社会」では、革新的なエネルギー・環境関連技術を開発／普及させようとする意欲に乏しい。新しい技術や製品を試さんとする日本出身の企業は、この社会が縮小均衡のマイナス成長を続け、しかも保守的な性向を持つことを厭い、次々とわが国を離れ、アジア地域や欧米のハブ都市に本社機能と研究開発機能を移す。また、「日本企業のアジア展開」で論じているように、アジア地域では、膨大な人口がローエンド製品マーケットを形成している。この成長著しい現地市場に密着して成功する日本企業も現れる。

六．まとめ

以上、二〇四〇年における日本の将来社会の「可能性」を、三つのシナリオで概観してみた。未来社会の「可能性」を探索することは、政府の長期見通しなどで定量的に「複数の予測」を立てる通常の作業とは質的に異なり、その意味するところもまた異なってくる。通常のエネルギー長期見通しの作業では、過去のトレンドからの延長が基本となるため、「現状からの改善」がベースとなる。しかし、今回行ったシナリオによる可能性探索では、過去のトレンドにこだわらず、将来起こりうる出来事をできるだけ広く探索することにより、未来社会の可能性を見ることができた。たとえば、エネルギー政策の視点では、使う側の立場から社会変化の可能性を探ることにより、従来の供給側の制約から考えるエネルギー需給見通しとはまた別の視点での考察が可能となった。

次にエネルギー・環境技術の導入・普及という視点から見ると、この未来社会シナリオは、技術そのものだけに注目していては普及メカニズムを十分に理解することが難しいことを教えてくれている。社会システムの一部として技術を把握することにより、技術の導入・普及の促進要因や障壁などがより鮮明にされることとなる。「高齢化に伴う社会変化」「都市システムの変化」「情報管理社会の変化」などの視点から、エネルギー環境技術の導入・普及がどのように影響を受けるのかについて、示唆を得ることができたと言える。たとえば、電気自動車の普及は技術進歩に大きく依存すると見られているが、未来社会シナリオを通じて、社会の変化によりその普及の仕方も異なってくることが見えてきた。また、社会システムとして技術を見始めると、技術選択肢の幅や異なった技術間の相互関係や連携システムなどもより鮮明に視野に入ってくることになる。

このような未来社会シナリオに向けての考察がないと、技術に焦点を当てた導入・普及政策や制度設計になりがちで、その有効性には限界がありうることをよく理解することができないであろう。

では、この未来社会のシナリオ展望は、現時点でのエネルギー環境技術政策を考える上で、どのような示唆を与えてくれるのだろうか？　また、エネルギー環境のみならず、複雑で不確実な将来に備えた公共政策全体にとっての示唆もまたありうるのではないか？

第三部では、シナリオ・プランニングで得られた知見を踏まえて、エネルギー環境政策、ならびに公共政策の意義を検討してみよう。

注

1　野村総合研究所「二〇〇七年の富裕層・超富裕層マーケットは九〇・三万世帯、二五四兆円、相続マーケットは

二〇一五年に一〇二兆円に拡大」（二〇〇八年一〇月一日）<http://www.nri.co.jp/news/2008/081001_3.html>

参考文献

雨宮処凛（二〇〇七）『生きさせろ！　難民化する若者たち』太田出版。

橘木俊詔・浦川邦夫（二〇〇六）『日本の貧困研究』東京大学出版会。

東京大学・三菱総研（二〇〇九）「２０５０年への政策ビジョン　希望ある未来社会実現のために今、何をすべきか」。

西岡秀三（二〇〇八）『日本低炭素社会のシナリオ―二酸化炭素七〇％削減の道筋』日刊工業新聞社。

ＮＨＫスペシャル『ワーキングプア』取材班編（二〇〇七）『ワーキングプア―日本を蝕む病』ポプラ社。

第三部　選択するエネルギー・環境政策に向けて

第九章　日本のエネルギー・環境技術政策の課題

鈴木達治郎

一．はじめに

エネルギーと地球環境をめぐる情勢は、ここ数年で急激に変化している。気候変動枠組み条約における「ポスト京都議定書」のあり方をめぐっては、三〇～五〇年という、長期的視点を必要とする。一方、石油価格は$三〇／バレルから$一四〇／バレルまで乱高下し、さらには二〇〇八年の金融危機以降、世界的不況の到来という短期的な情勢変化にも対応しなければいけない。このジレンマをどう解決すればよいのか。その解決に重要な鍵を握るのが、エネルギー環境の持続性確保に貢献する技術の普及促進である。

そこで、我々は、まず、エネルギー・環境技術の普及に影響を与えると思われるステークホルダーを抽出し、これらのステークホルダーの認識を通して、エネルギー・環境技術の普及に影響を与える諸要因の構造化を行った（第一部第一章）。次に、日本の未来を通して、エネルギー環境の持続性確保に貢献する「新技術と製品の場」をどう開拓し、拡大していくかを大きなテーマに据えた。エネルギーの供給インフラは短期間には転換することができない。しかし、人々の生活や考え方、それに基づくエネルギーの使い方は短期間でも大きく変化する可能性がある。したがって、私たちはエネルギーを使うという視点から、未来社会を見通し、その上でエネルギーと環境の持続可能性を探ることとした。また、現在から三〇年間という期間は、長期的に持続可能な社会への「移行期（transition period）」として重要な意味を持つ。その道程は、もちろん一本道ではない。といって、まったく未来が見えないわけでもない。将来の不確実性のなかから、いかに戦略的な選択を行っていくか。この社会意思決定を支援するツールとして、私たちは「シナリオ・プランニング手法」（第一部第二章）を採用し、日本の未来社会について五つのモジュール（高齢化、都市と交通、食と農業、企業のアジア展開、技術発展と社会）を作成し、最後にはそれらをもとに二〇四〇年の三つの将来社会像を描いた（第二部）。

これらの検討を通して、今後のエネルギー・環境技術政策に求められるものとして、以下のような三つの要素（柔軟性、包括性、頑強性）を抽出できるのではないかと考える。

二．柔軟性強化——異なったニーズに応え、市場メカニズムも活用した効率的な技術導入・普及および研究開発制度の充実

(一) 市場支援的手法

第一部第一章のステークホルダー分析による問題構造化分析のなかでも、企業部門のなかなどには、多様なエネルギー・環境技術のオプションがあり、これらが十分普及しないで埋もれていることが明らかになった。そして、普及を阻害している要因として、価格以外にも数多くのものが指摘された。普及阻害要因としては、しばしばコスト高が指摘されるが、実際にはコストが高くない（長期的にはコスト回収が可能）にもかかわらず、技術普及が進まない事例が、多く報告されている。現在の市場条件では、たとえコストが見合いそうでも、そのままで技術が普及するというわけにはなかなかいかないのである。

これに関連する興味深い資料として、「温暖化技術の削減コストカーブ」が挙げられる。二〇〇七年にマッキンゼー・カンパニーが発表した「世界の温暖化ガス削減ポテンシャル・コストカーブ」（**図9-1**）は、そのわかりやすさと有用さで、世界に大きな影響を与えた。縦軸に温暖化削減コスト（「マイナス」とは投資コストを上回る利益回収が見込める、という意味）、横軸に二〇三〇年までのCO_2削減ポテンシャル量を置き、各削減技術について、推定コストとCO_2削減ポテンシャル量をプロットしたものである。これによると、温暖化対策技術は次の三つに大きく分類される。

グループA：経済性はあるが、初期投資が高いなど、普及が難しいとされる技術（断熱化など、市場メカニズムで普及するはずだが、実際はそれほど進んでいない）

グループB：経済性はないが、支援制度や規制などで導入が可能と考えられる技術（多くの新エネルギーが対象となる）

グループC：現時点では経済性見通しが立たないが、長期的な技術開発が必要な技術（太陽光発電や新型原子力、二酸化炭素回収貯留（CCS）などが含まれる）

このグループAのように、経済性があるにもかかわらず、普及が進んでいない技術が多くある。それでは、このような技術の普及支援はどのように行えばよいのだろうか。

第一のヒントは、第一部で抽出した「認識情報資源」の活用である。第一部第一章で行ったステークホルダー分析の結

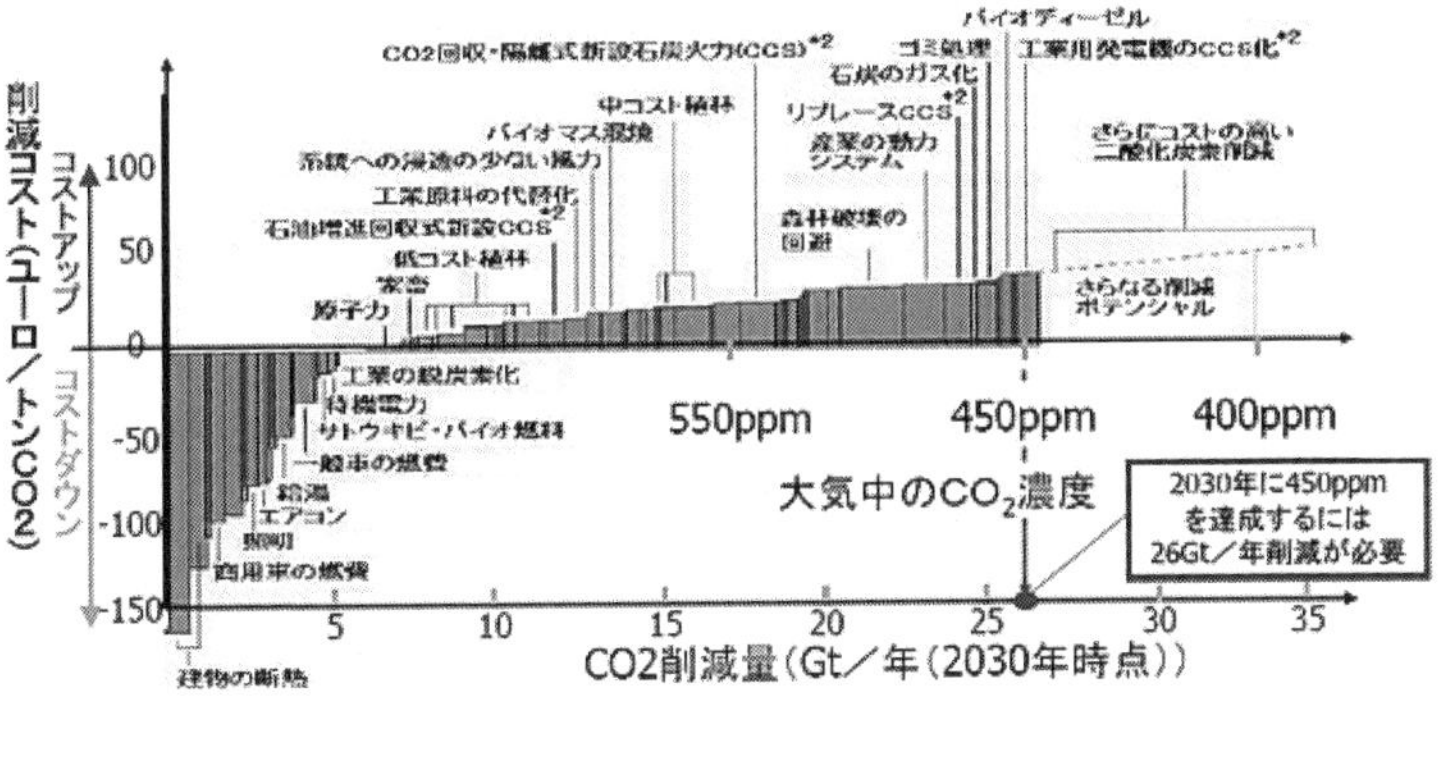

図9-1　世界の温暖化対策技術の削減ポテンシャルとコスト

出所：“ACost Curve for Greenhouse Gas Reduction,” *The Mckinsey Quarterly*, 2007, No.1, p.38

果、利益最大化やコンプライアンスといった動機づけ以外にも、技術のパブリックイメージ、企業イメージ、企業の社会的使命としての位置づけ、政策による「おすみつき」など、エネルギー・環境技術を普及させうる動機が存在しうることが明らかになった。これらは消費者や経営者の認識に大きく依存する要因であり、「認識情報資源」と規定した。逆に言えば、「おすみつき」や双方向コミュニケーションを通して、これらの認識やイメージを変化させることで、普及を促進することができる。

第二のヒントは、組織間連携の促進である。これも第一部で示されたように、実際には必要であるにもかかわらず、連携が成立していないという問題点が多く指摘されている。このようなステークホルダーによる連携は、業界間、省庁間、会社間、部署間、など、多様に存在している。

また、市場条件そのものを変化させることもありうる。たとえば省エネや環境基準の改定などの措置、省エネラベルの義務づけなどが有効となる場合もある。これは、単なる「情報認識」資源の活用と言うよりも、市場の競争条件を変化させることにより、技術普及を促進する「政策的措置」の第一歩となりうるものである。このような措置を導入する際には、市場のニーズや市場メカニズムの理解が不可欠である。

(二) 制度的手法

次に、コストカーブのBに位置する技術の導入促進をどのように行うのかが課題となる。ここでは、より市場適合的な制度として、租税特別措置、炭素税や固定買取制度、排出権取引制度、規制などの制度的手法を導入することが適当と考えられる。

逆に言えば、第一部第一章のステークホルダー分析においても指摘されていたように、一時的に限定されざるを得ない「導入補助金」では限界があり、大規模な普及には恒久的な制度的手法への転換が必要であると思われる。たしかに太陽光発電で日本が世界をリードした背景には、購入者に対し投資額の一部を直接支援する「導入補助金」が重要な役割を果たしたことはよく知られている。しかし、この補助金制度は、年度ごとの予算枠で制限され、毎年予算枠を越す希望者があったにもかかわらず導入規模の拡大が制約を受けた。さらに、二〇〇五年度に制度を一時的に打ち切ったことで、導入規模でドイツに世界一の座を奪われることになった。二〇〇七年現在、その差はさらに拡大しており、ドイツは三八六万キロワット、日本は一九二万キロワットと約半分になっている。

そこで、経産省は二〇一〇年度から、ドイツが導入してきた「固定買取制度」を導入することにした。一キロワット時四八円（非住宅用は二四円）で一〇年間、余剰電力を電力会社が購入することを義務づける法律を導入し、買い取り費用は電力料金に転嫁することとするのが制度の骨子である[1]。これによると、一般家庭では平均月一〇〇円未満の負担増になると言われている。この制度の導入により、今以上の普及が期待されるものの、ドイツの制度と比べると、まだ相違点が多いとの指摘がある。たとえば、ドイツは二〇年の長期契約であり、買い取り量も余剰電力ではなく、全量を買い取る制度となっている。また、対象は太陽光発電だけではなく、再生可能エネルギー全体となっている。投資回収期間が、一五年程度と見られているだけに、買い取り期間の一〇年と二〇年の差は重要な要素になる可能性がある[2]。

固定買取制度とは異なるが、日本でも支援制度として有効と見られる制度に「グリーン税制」が挙げられる。日本では、自動車の燃費効率基準を満たした自動車の重量税・取得税を免除あるいは軽減する制度を導入し、自動車の燃費改善と「エコカー」の普及に大きく貢献してきたとされている。これを、さらに省エネ住宅の促進にも採用することが決定し、平成二〇年度より「省エネ住宅税制優遇措置」が導入された。これによると、既存住宅の省エネ改修（断熱材や複層ガラスの導入など）、次世代省エネ基準を満たす新築住宅の建築・購入、再生可能エネルギー設備の導入に対し、所得税・固定資産税の減税措置がとられることになった。このような制度的手法の効果を他の領域に関しても検討していく必要がある。

（三）研究開発支援

最後に、グループCについては、長期的な研究開発支援でコスト削減を促進する支援が適切となる。日本のエネルギー研究開発予算は、一九八〇年代から年間四、〇〇〇億円規模で安定しており、世界でも米国と並んでトップクラスの規模を維持している。しかし、その中身を見ると、最近は特に「導入支援」に予算が大きくシフトしており、二〇〇〇年代に入ると新エネルギー予算の七割が風力、太陽光発電などの導入予算に充てられていた（図9-2）。本来、導入普及支援予算は、研究開発予算とは別枠で考えられるべき予算であり、長期的な技術革新を促進する意味では、導入普及支援予算とは切り離された研究開発予算枠を確保することが望ましい。また、研究開発といっても、基礎研究、基盤技術研究といった汎用性の高い分野と、特定の応用分野をしぼった開発や、大規模な予算を必要とする「実証開発プロジェクト」予算などを、明確にすることが必要である。

　また、エネルギー研究開発が社会に有効な成果をもたらしているかは、現在のプロジェクト単位の評価枠組みだけではとらえられない。**表9-1**は、一九七四年から二〇〇二年までのサンシャインプロジェクトのR&D予算の成果を、「実用化による省エネ効果」と「CO_2削減効果」により（財）電力中央研究所が評価したものの一部である。これによると、サンシャインプロジェクト全体では、累計で一兆四千億円が投資されており、その結果石油換算で六、五一〇万キロリットルの節約、CO_2換算では一億三、〇〇〇万トンの削減効果をもたらしたとされる。ここで注目したいのは、累計予算の大小と節約効果は必ずしも比例ではなく、少ない予算で大きな効果をもたらしているもの（ソーラーシステムと高効率ガスタービン）や、多くの予算の割に効果が少ないもの（太陽光発電、スーパーヒートポンプ）がある、という点だ。しかし、プロジェクト単位で評価すると、太陽光発電やヒートポンプへの

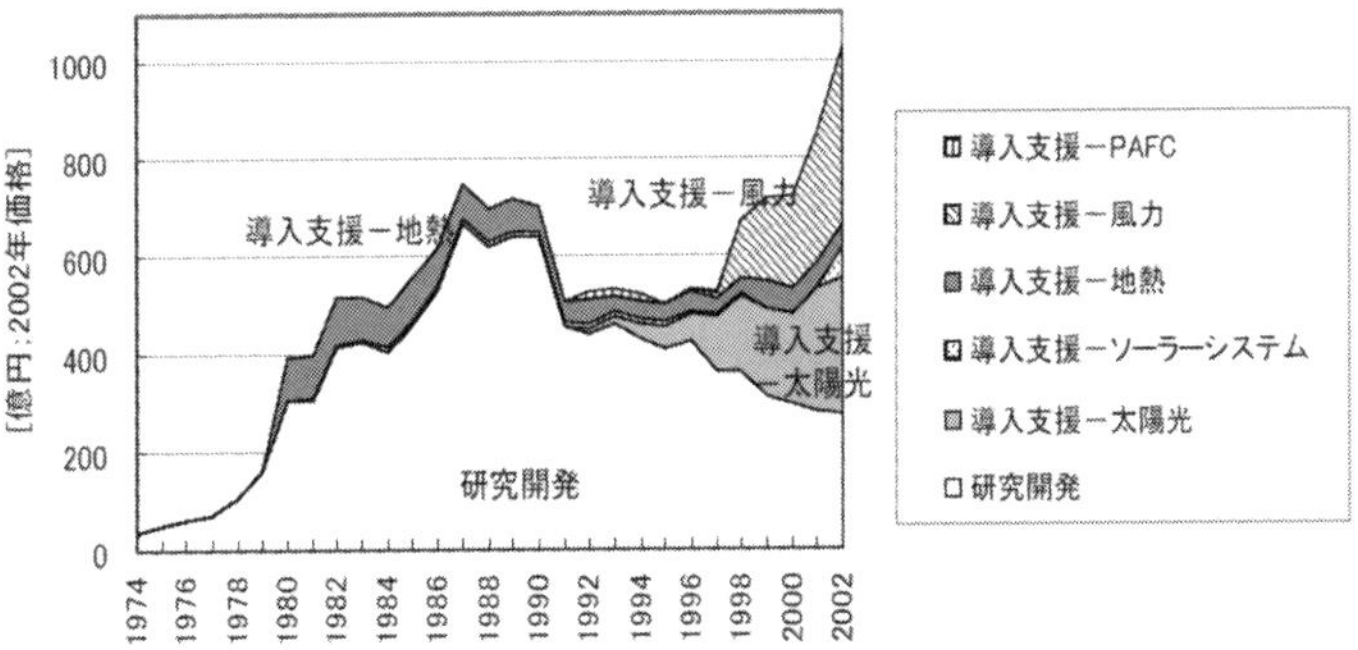

図9-2　日本の新エネルギーR&D予算内訳

出所：木村宰他「政府エネルギー技術開発プロジェクトの分析：サンシャイン・ムーンライト・ニューサンシャイン計画に対する費用効果分析と事例分析」電力中央研究所報告、Y06019、平成19年4月。

予算が削減されることになりかねない。しかし、それでは長期的技術革新を生み出すことができない。スーパーヒートポンプ・プロジェクト自体は、結局実用化につながらなかったが、その基盤技術が継承されて、民間により見事に実用化に成功したのが「エコキュート」(高効率ヒートポンプ電気給湯器)の事例である。高効率ヒートポンプは民間に引き継がれて研究開発が続き、一方でフロン規制によるCO_2冷媒の開発などが相乗効果をもたらし、最終的には、電力会社、研究機関、メーカーの三者が連携してエコキュートの実用化に結びついた(寿楽・鈴木、二〇〇八)。このように、研究開発プロジェクトは、短期的なプロジェクトの成否だけで評価するのではなく、長期的かつ全体の効果を十分に評価することが必要である。

三　包括性の確保

(一) 需要側からのエネルギー利用分析の充実化——住宅、土地、交通分野での包括的社会ニーズ把握の重要性

表9-1　サンシャイン・ムーンライト計画予算の評価

	政府累計予算(億円)	実用化技術による省エネ効果(万kl)	CO_2削減効果(万ton-CO_2)
太陽光発電	3, 153	40	92
ソーラーシステム	344	1, 895	4, 093
高効率ガスタービン	312	3, 417	6, 153
スーパーヒートポンプ	109	0. 4	0. 7
全プロジェクト合計	14, 038	6, 510	13, 117

出所：木村宰他「政府エネルギー技術開発プロジェクトの分析：サンシャイン・ムーンライト・ニューサンシャイン計画に対する費用効果分析と事例分析」電力中央研究所報告、Y 06019、平成19年4月

エネルギー政策の重点はこれまで、供給側の視点で作成されてきているが、その弊害の一つとして、

供給側の「縦割り」構造が挙げられてきた。いわば、産業別・技術別の「セクター別」政策がとられることにより、横断的かつ包括的なエネルギー政策が取りにくくなってきていたのである。これは、政府のみならず、産業界や学界、研究者の間でも、同様の弊害をもたらしてきていた。

その限界を越えるためには、需要者側からの包括的な社会ニーズ把握に基づいたエネルギー政策を重視していく必要がある。エネルギー環境に特に関係する分野として、住宅（ビル）、土地利用（都市）、交通面などの需要側のニーズ把握が重要となる。これは、第二部のシナリオ分析の作業を通して浮かび上がって来た論点でもある。

そのなかでも、日本では特に今後温暖化ガスの伸びが予想される分野として住宅分野が注目される。

住宅それ自体でも、省エネポテンシャル、特に建物の断熱は、前述の温暖化技

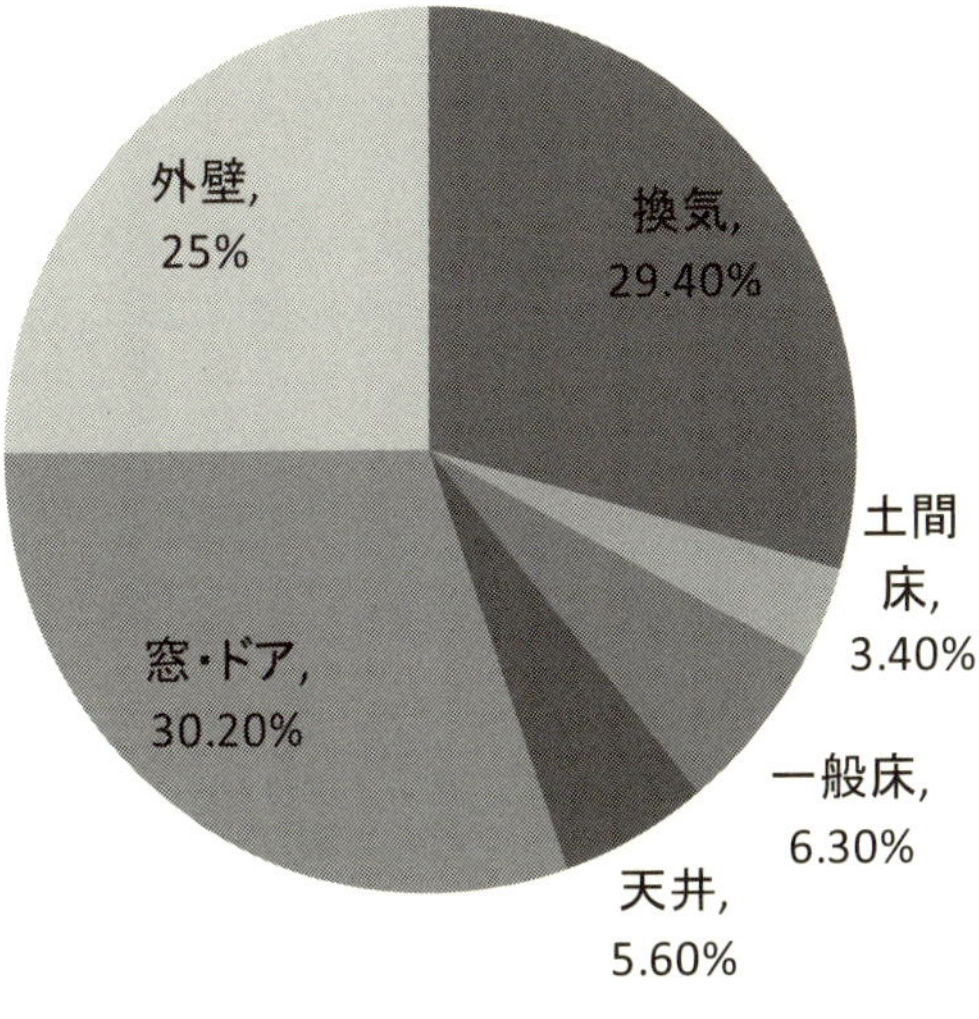

図9-3　窓からの熱損失の大きさ

出所：『コーナー札幌』HP <http://www.konasapporo.co.jp/Heating/HeatLoss/benefit.htm>
（地域区分Ⅰの平成11年省エネ基準（熱損失係数1.6W/㎡K）をクリアしている住宅における熱損失の一例 <http://www.konasapporo.co.jp/Heating/HeatLoss/benefit.htm>）

術コストカーブでも最もコスト効果の高い技術として注目されている。窓の断熱に限ってみても、その省エネポテンシャルはきわめて大きい（熱損失の三〇％を占める。図9-3。）のに、日本では窓の断熱に大きな効果の見込める複層ガラスの普及が五％程度と、欧州の五〇～一〇〇％に比べてきわめて普及度が低い（図9-4）。米国では、七〇年代後半に住宅における断熱化への税制優遇措置を導入し、九〇年代にはエネルギー政策法により断熱基準の強化を導入してきた。その結果、普及率は確実に上昇してきている。これに対し、日本の窓における省エネルギー基準は北海道では欧州並みであるが、東京や沖縄では基準がまだ甘い。

また、住宅のあり方は、土地利用の形態や交通の形態へのインパクトを通して、より幅広いインパクトを与える。

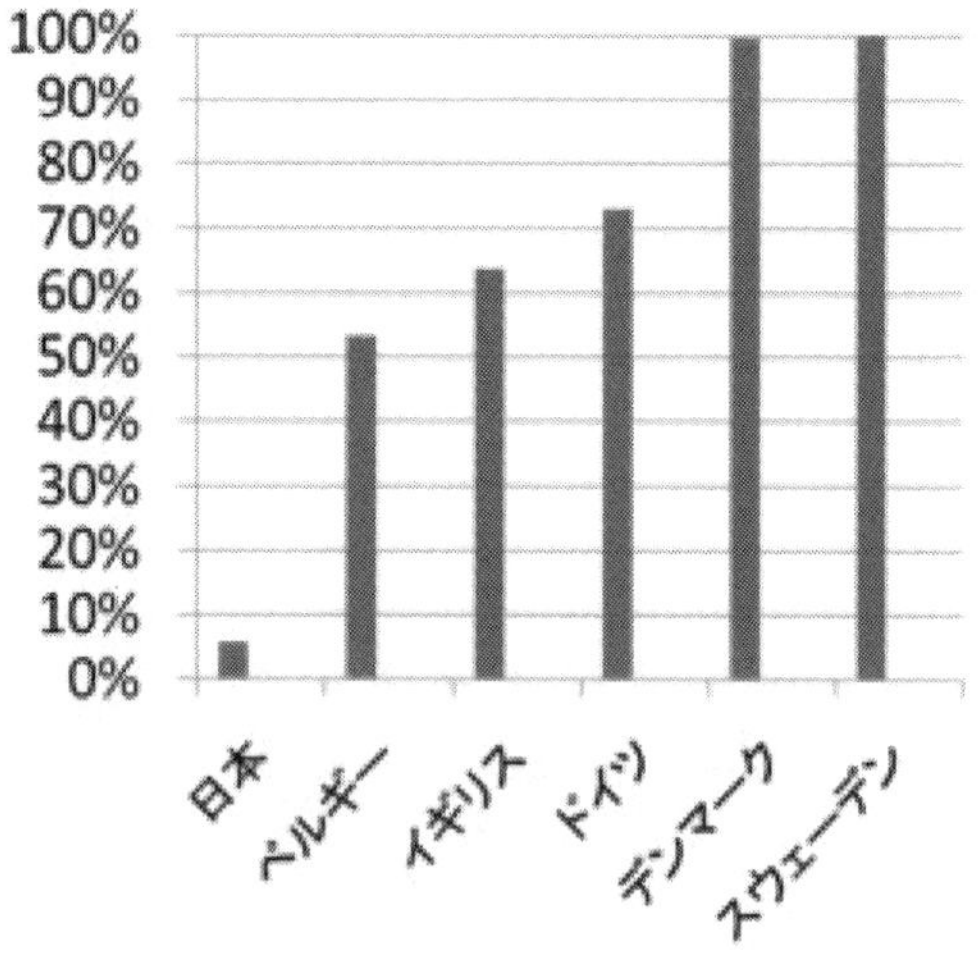

図9-4　既存住宅における複層ガラスの普及度の国際比較（2000年）

出所：『経済産業省』HP <www.meti.go.jp/committee/materials/downloadfiles/g70130a05-1j.pdf>
（欧州は欧州板硝子協会（http://www.glassforeurope.com/Pages/default.aspx）による調査。日本は日本板硝子協会（http://www.itakyo.or.jp/index.html）による2000年調査における推定値。）

近年注目を浴びているコンパクトシティも、居住ニーズ、交通ニーズ、福祉・医療ニーズへの包括的対応として重要である（他方、将来の農山村を含めた国土管理のあり方の問題、従来の居住地に愛着を持っている人々を事実上強制的に移住させることの可否という権利に関わる問題を背後に随伴している）。また、次世代の交通手段として期待されている電気自動車の役割も、単に既存の自動車の役割を代替するという観点からではなく、将来の社会構造に即したニーズへの対応という観点から評価されるべきである。

（二）単体技術の支援から「社会システム」の変化への支援

需要側からの包括的視点で可能となるのは、単体技術ごとの視点ではなく、需要側から「システム」として供給側を見ることができることだ。これにより、複数のエネルギー技術の組み合わせをより効果的に見ることができる。

たとえば、給湯システムを考えると、これまでは太陽熱温水器、ガス給湯器、電気給湯器をそれぞれで普及支援策を考えてきていた。しかし、需要側に立てば、太陽熱温水器をガス給湯器の組み合わせによる「ソーラー・ガス統合給湯システム」も対象として見ることができる。太陽熱温水器やソーラーシステムは、八〇年代以降導入普及が低下しているが、この組み合わせシステムにすると、ヒートポンプ式電気給湯器（エコキュート）とほぼ同等かより効率が高いと評価され、今後の普及が期待される（前真之、二〇〇五：三七）。また、一定の条件の下では、太陽熱温水器活用の余地もある（太田他、二〇〇八）。

社会システムからの視点という意味で、注目されるのは、欧州委員会が二〇〇六年より導入している

CONCERTOプロジェクトである。これは、地域ごと（都市やコミュニティ）にエネルギー効率の改善と再生可能エネルギーの導入を効果的に推進するプロジェクトを、コンペ方式で支援する、というプロジェクトである。従来の供給技術をベースにした支援制度とは異なり、社会システムとしての改善を目指すため、各地のニーズに応じた多様なエネルギー環境技術の導入・普及が期待されている。現在九つのプロジェクトで二八のコミュニティが参加している[3]。

二〇〇九年一月、これに似たような制度を経済産業省が発表した。「新エネルギー社会システム推進室」と呼ばれるもので、新エネルギー・省エネルギーの推進を、社会システムとして実現していこうという趣旨である[4]。製造業や農林水産業のみならず、公共施設、運輸・流通、観光、住宅、生活インフラなどの改革や更新を通じて、新エネルギー・省エネルギーの推進を図るという。今後の進展が注目される。

四．頑強性の強化――エネルギー・インフラへの投資の強化

エネルギー需給インフラの整備の重要性は、第一部第一章のステークホルダー分析による問題構造化においても抽出されたし、第二部の具体的シナリオ分析においても浮上してきた課題である。

具体的には、分散型電源・再生可能エネルギーの急増や需要側の効率改善に対応できるよう、電力送配電網（グリッド）の充実、公共交通インフラ、建築物や住宅のグリーン化など、エネルギー需給インフラの整備を強化することが重要である。

ＯＥＣＤ国際エネルギー機関（ＩＥＡ）が発表した、「エネルギー技術展望二〇〇八―二〇五〇年までのシナリオと戦略」によると、二〇五〇年までに電力システム（送配電、貯蔵、余剰能力など）への必要投資額は、発電システムそのものと同程度の規模になると予想している[5]。これは、おもに途上国のグリッド整備や送配電損失の減少など、送配電網の効率化が大きな課題とされているからである。しかし、日本のようにすでに高効率化が実現している場合においても、分散型電源や再生可能エネルギーが急増することや、需要側管理の必要性が増すことを考えると、送配電グリッドのさらなる効率化（いわゆる「スマートグリッド」）に向けての投資が必要と考えられる。これには、各需要端に設置される「スマートメーター」や、発電設備の有効利用を図る「貯蔵容量」の拡大、周波数安定化などが考えられる。また、隣接送配電網との連携円滑化も、電力システム全体の効率改善に向けて必要とされる。

二〇〇九年一月、経済産業省「低炭素電力供給システムに関する研究会」において、将来の太陽光発電導入目標達成のための必要投資額（推定値）が公表された。これによると、三つの選択肢が示されており、需要家側蓄電池装置のみで対応した場合で五兆四千億円～六兆七千億円、配電対策と系統蓄電池関係の組み合わせでは四兆六千億～四兆七千億円、配電対策・系統側蓄電池・揚水発電関係の組合せでやはり四兆六千億～四兆七千億円が必要とされている（表9-2）。これらは試算値であり、今後はこれをスタートとして、さらに精緻な見積もりが必要とされるであろうが、いずれにせよ、必要投資額がかなりの規模となる可能性があり、そのコスト負担をどうするかも、今後の政策課題として重要である。

アメリカのオバマ政権は、この分野で大規模な公共投資を実施することを提示しており[6]、いわゆる

「グリーン・ニューディール」の目玉の一つとして投資を進めようとしている点は注目に値する。日本においてスマートグリッドに投資を行う際には、公的部門がどのような役割を担うのかが、大きな課題となる。

注

1　経済産業省、「エネルギー供給事業者による非化石エネルギー源の利用及び化石エネルギー原料の有効な利用の促進に関する法律案」及び「『石油代替エネルギーの開発及び導入の促進に関する法律等の一部を改正する法律案』について」（二〇〇九年二月）。http://www.meti.go.jp/press/20090310001/20090310001.html

2　フジサンケイビジネス「買電義務化、価格も倍に、家庭用太陽光発電普及へ新制度」（二〇〇九年二月二五日）。http://japan.cnet.com/news/biz/story/0,2000056020,20388825,00.htm

3　European Commission. "CONCERTO: Towards an Integrated Community Energy Policy to Improve The Quality of Citizens' Lives," http://ec.europa.eu/energy/res/fp6_projects/doc/concerto/brochure/concerto_brochure.pdf

4　経済産業省『「新エネルギー社会システム推進室」の設置について』

表9-2　太陽光発電普及拡大に必要な投資額試算（推定）

シナリオ	出力抑制（年末年始とGW）	配電対策	需要家側蓄電池	系統側蓄電池・揚水発電	火力発電による調整運転	蓄電池の充放電ロス・揚水ロス	太陽光出力の把握	総額
Ⅰ　需要家側蓄電池	0.04～0.14兆円	－	4.81～6.01兆円	－	～0.23兆円	0.06～兆円	～0.26兆円	5.39～6.70兆円
Ⅱ　配電対策＋系統側蓄電池	0.04～0.14兆円	0.44兆円	－	3.59兆円	0.23兆円	0.06兆円	～0.26兆円	4.61～4.72兆円
Ⅲ　配電対策＋系統側蓄電池＋揚水発電	0.04～0.14兆円	0.44兆円	－	3.60兆円	0.23兆円	0.06兆円	～0.26兆円	4.62～4.73兆円

（長期割引率3％で2008年現在価値換算。四捨五入により総額が一致しない場合がある。）
出所：「低炭素電力供給システムに関する研究会」資料、2009年1月

（二〇〇九年一月一三日）。http://www.meti.go.jp/press/20090113002/20090113002.html

5　International Energy Agency, "Energy Technology Perspectives 2008: Scenarios & Strategies to 2050," June 2008. 特に Chapter 13 "Electricity Systems," pp. 401-412).

6　"The American Reinvestment and Recovery Plan-By the Numbers", January 24, 2009, The White House Web-site, http://www.whitehouse.gov/assets/Documents/Recovery_Plan_Metrics_Report_508.pdf

参考文献

太田響子・林裕子・松浦正浩・城山英明（二〇〇八）「環境技術の社会導入に関する政策プロセスにおける分野横断的ネットワークと公共的起業家機能に関する分析―埼玉県越谷市レイクタウンにおける住宅の面的ＣＯ２削減事業を事例として―」『社会技術研究論文集』第五巻。

寿楽浩太・鈴木達治郎（二〇〇八）「家庭用高効率給湯器の研究開発・導入普及過程―公共政策的観点からの事例分析―」（ＳＥＰＰワーキングペーパー）、二〇〇八年一二月。

前真之（二〇〇五）「給湯機器の効率」『ＩＢＥＣ』一五一号。

第一〇章　公共政策プロセスの再構築

城山英明

一．多様な観点からの実効的議論が可能な横断的な場の必要性

第三部第九章では、ステークホルダー分析を用いた問題構造化分析、シナリオ分析を踏まえて、エネルギー・環境政策の課題として、需要側からのエネルギー利用分析の充実化、具体的には、住宅、土地、交通分野での包括的社会ニーズを把握した上でエネルギー利用のあり方を探ることの重要性、また、単体技術の支援ではなく、さまざまな技術や制度がセットになった「社会システム」の変化への支援の重要性が指摘された。

より端的に言えば、「住まい方」という社会のあり方の重要性である。第二部の具体的シナリオ分析で言えば、第三章高齢化の新しい公シナリオにおける複数家族居住、第四章都市と交通の公共交通中心

シナリオにおけるコンパクトシティ、第五章食と農の地域再生シナリオにおける退職者や青年の帰農は、すべて「住まい方」に関わる現象である。

従来のようなエネルギーの供給サイドに限定をした議論ではなく、エネルギー利用形態に関わるこのような社会の多様なあり方に視野を広げた議論を行うためには、多様なセクターの関係者が参画した上で多様な観点からの議論が可能な横断的な場が不可欠となる。第三部第九章において、もう一点課題として指摘されたエネルギー・インフラへの投資の強化も、社会インフラとしての多様な含意を考えれば、やはり、多様なセクターの関係者が参画した上で多様な観点からの実効的な議論が可能な横断的な場が不可欠である。

これは、ガバナンスの問題であると言える。ガバナンスとは、単一の主体としての政府が強制力を持って一元的秩序を維持しているガバメントに対比して、分散的に資源を保有する社会のさまざまな主体が相互作用を行いつつ構築する秩序を指す。しかし、ガバナンスはエネルギー、交通、建設、農業といった政策分野ごとに縦割りで構築される。また、経路依存性に起因する変化への抵抗性を示すことも多い。社会の環境が大きく変化するなかで、このようなガバナンスの構造を変革していくには、従来の政策分野を横断して情報と認識を共有する主体間のネットワークと公共政策プロセスを構築していく必要があるわけである。

調整機関の設置というのは一つの考えである。しかし、単に、調整の機関を設置するというだけでは、寄せ集めの表面的に包括的な報告書はできてくるかもしれないが、そのなかに関係者が納得できる「なるほど」と思えるアイディアが盛り込まれない恐れがある。

政府各省等の現在の審議会は、どうしても縦割り型になっている。たとえばエネルギー分野で言えば、新エネルギーや省エネルギーと原子力を横並びで議論することが難しい。ましてや、エネルギー政策と住宅、土地利用、交通等に関わる国土利用政策を横並びで議論することはより難しい。形式的には、最近、温暖化対策や化学物質対策のような各省にまたがる課題に関しては、調整メカニズムとして合同審議会が設置されるようになっているが、構成メンバーの人数だけでもかなりの多数になるこのような合同審議会では、一人が何か一言言うのが精一杯であり、実質的な議論にまではなかなか辿り着かないのが多くの現実である。

それでは、このような場はいかにして設定されうるのか。従来のような政府の縦割り型審議会方式を補完する一つの仕組みとして、民間や地方自治体においてより柔軟なかたちで議論する場を設け、中央の政策議論に結びつけるような試みが考えられる。外交分野では「トラック・ツー」と呼ばれる、非公式、準公式の政策議論の場において、多様なアイディアの実現可能性を探る試みがすでになされている（鈴木・城山・松本、二〇〇七）。国内政策についても、このような「非公式・準公式」の政策議論の場を設けることが、縦割り政策議論の補完する一つの方策であろう。このような場は、政府内において調整義務を負わないかたちで柔軟な場として設置することもできるかもしれない。

また、包括的に省庁再編を再度考える際には、エネルギー・環境政策の観点からも省庁再編を検討する必要があろう。たとえば、イギリスでは、二〇〇八年一〇月に、産業企業規制改革省の下にあったエネルギー政策部局と環境食料農村省の下にあった気候変動対策部局を合わせて、エネルギー気候変動省が設立された[1]。エネルギー政策と気候変動政策の連携が促進され、エネルギー政策の性格が変わりつつあるのは興味深い点である。ただし、気候変動の問題はエネルギー政策や狭義の気候変動対策の問題にとどまらず、前述のような「住まい方」に関わるさまざまな国土交通政策や農業農村政策にも関わるのであり、このような多様な連携も確保されない限り、省庁再編は万能ではない点にも留意すべきであろう。

二　公共政策プロセス支援ツールとしての問題構造化・シナリオ

——プロセスの明示化と選択機会の提供

「非公式・準公式」の政策論議の場ができたとして、次に、横断的議論を実効的に行うための非公式・準公式な場をいかにして運用していくのかが課題となる。本書で試みた、ステークホルダー分析を用いた問題構造化手法、シナリオ分析の手法は、このような運用のための公共政策プロセス支援ツールとしての意義を持ちうる。

従来の日本の政策プロセスにおいても、ステークホルダーとのコミュニケーションや将来に関する検討がなされてこなかったわけではない。むしろ、ステークホルダーとの場合によっては飲食を伴う非公式コミュニケーションによる情報や問題意識の収集や、強制力を伴わないで将来の方向性を示すことで誘導を図るビジョン行政は、日本の政策プロセスマネジメントの一つの特色であったとも言える（城山・鈴木・細野、一九九九）。また、将来の方向性については、エネルギー政策や交通政策、道路政策においては、基本的には一方向の未来を想定する需要予測という手法が基本としてとられてきた。

しかし、現在の社会においては、このような伝統的手法の運用はなかなか難しくなっている。非公式コミュニケーションの不透明性がさまざまな疑念を生み、また、ビジョンも年ごとに変わるためにその質と安定性に関する信頼性を失いつつある。また、社会の動向にさまざまな不確実性が不可避となるなかで、一次元的な需要予測も困難に陥りつつある。

このような状況のなかで、本書において試みた、ステークホルダー分析を用いた問題構造化手法、シナリオ分析の手法は、このようなプロセスマネジメントのあり方を再構築するツールとしての意義を持つ。

各ステークホルダーとのコミュニケーションに基づいて問題を構造化するという活動自体は、伝統的に行政官が行ってきた活動であるとも言える。しかし、対象となるステークホルダーの網羅性を意識的に確保し、このような活動を透明化している点で、従来の活動とは異なる。従来の暗黙知を明示化したという側面もある。なお、第一部第一章では、各ステークホルダーの問題認識を要素に分解して文章上整理していくという方向をとったが、問題構造化に関しては、各ステークホルダーの問題認識を認知マップ上に記述し、より丁寧に整理していくという方法もありうる（加藤・城山・中川、二〇〇五）。

第一部第二章や第二部第六章でも述べられたように、不確実性を正面から認め、複数の将来の可能性と向き合うシナリオ手法は、民間企業の実践のなかから構築されてきた。しかし、特に従来の日本の行政における政策プロセスマネジメントでは公式的にはなかなかとられることはなかった。たしかに、外交政策等においては、外国の動向等について戦略的なアセスメントを複数の観点から行うこともあったと思われるし、社会保障制度の改革等においても若干は行われてきたが（城山・木方・宮崎、二〇〇七）、まれであった。これには、行政においては、複数のシナリオを検討することは、行政が選択可能は複数の選択肢を検討することにもつながり、この決定を誰に委ねるかという問題を惹起するからという面もあったと思われる。

そのようなこれまでの現状に対し、複数の同様にありうるシナリオを提起するという方法は、特に環境に受動的に対応するだけではなく環境に働きかけることも可能な行政にとっては、社会に対して判断に必要な情報を整理して提供するという意義も持ちうる。このようなシナリオによる情報提供を通して、従来、エネルギー情勢の趨勢的変化に対する受動的対応として提示されがちであったエネルギー・環境政策に関して、社会による選択機会を提示することが可能になる。

なお、このような社会に対して選択肢を提示するというシナリオの機能は、政府という環境条件をある程度左右しうる力を持つ組織故に可能であるという面に注意する必要もある。通常、企業等の組織においては、複数のありうる未来について、どれが起こっても耐えうる強靭な意思決定を行うためにシナリオ分析を用いるのであり、ここで用いられているシナリオの機能は選択肢の提示とは異なる。ただし、現代のような不確実性の高い世界情勢の下においては、政府にとってもシナリオ分析を用いた意思決定の強靭性の確保が重要であると言える。

三　海外での試み――イギリスにおけるフォーサイト

科学技術の関連諸分野の政策への含意を長期的かつ幅広く認識するための興味深いプログラムとして、イギリスにおけるフォーサイトがある（Miles, 2005）。

イギリスでは、一九九三年に科学技術局（OST: Office of science and technology：一九九五年以降は貿易産業省の一部）によってフォーサイト・プログラム（Foresight Programme）が開始された。フォーサイトでは、長期展望を得るために、本書でも用いたシナリオ分析と同様、複数の未来がありうるという認識も持って未来について検討し、幅広い傾向、可能性を分析した。また、そのプロセスにおいて、一六のパネルを設置し、広範な社会のステークホルダーを巻き込み、ネットワークを構築した。イギリスにおいては科学研究と産業の結合の欠如が認識されていたので、パネル、会合等を通して広範なネットワークが企図された。

一九九七年に成立した労働党政権によってもこの試みは支持され、一九九七―一九九八年のフォーサイトのあり方に関する広範な協議も経て、一九九四年四月には第二サイクルが開始された。このサイクルでは、より幅広い参加者の巻き込み（中小企業含む）、生活の質といったテーマが重視された。組織的には、一〇個の個別セクター、技術に関するパネルの他に、高齢化、二〇二〇年の製造業、犯罪防止という三つのテーマに関するパネルが設定された。議会もこのような第二サイクルまでの活動をレビューし、フォーサイトは政府、産業、科学のコミュニケーション改善には寄与していると評価した。ただし、産業、特に中小企業の巻き込みには十分成功しておらず、焦点をしぼって再活性化する必要性を指摘した。また、科学技術政策局自身も、目的は広範すぎるので、社会や経済に大きな影響を与える新しい非連続的技術に焦点を当てる必要を指摘した。

このような指摘を踏まえ、二〇〇二年以降の第三サイクルにおいては、ローリング・プログラムにするとともに、焦点をある程度しぼった六つのプロジェクト（洪水・沿岸対策、サイバーシステムの信頼確保と犯罪防止、脳科学、インテリジェント・インフラストラクチャー等）を開始した。その後も、徐々に新たなプロジェクトを開始するとともに、フォーサイトの一環として、ホライズン・スキャニング・センター（Horizon Scanning Center）を二〇〇四年に設置し、潜在的将来課題に関する検討や、多様なステークホルダーを巻き込んで科学技術に関する課題を抽出するＷＩＳＴ（Wider Implication of Science and Technology）といった活動を行っている[2]。

実は、このイギリスのフォーサイト・プログラム発足に際しては、一九八〇年代以降の日本の科学技術庁等による科学技術政策形成における技術フォーサイトの経験、実績が参考にされた（Martin and Irvine 1989）。その意味では、日本にもステークホルダーを一定程度巻き込み、未来について検討してきた経験はあるのである。しかし、日本においては、デルファイ法が採用され、有識者間で異なる見方を一つの方向に収斂させていくことで最終的には確度の高い一つの予測を得ようとしたのに対し、イギリスにおいては、より幅広く社会的要素を入れる観点から、技術フォーサイトという名称は単にフォーサイトという名称に変更され、また、日本で重視されているデルファイ法の利用も第一サイクルにおいては試みられたが、第二サイクル以降は、シナリオ・プランニングと同様に、多様な参加者が未来の異なる可能性を議論する設計が重視されるようになっている。

日本においては、このようなイギリスにおける展開も踏まえて、より幅広い社会のステークホルダーを巻き込んだかたちでの、未来の不確実性や多様な可能性も視野に入れた上での非公式的準公式的な横断的論議の場の設計を、どのように行うのかが問われていると言える。

四．情報通信技術への社会的対応の重要性

第二部の具体的シナリオ分析から読み取ることのできる公共政策一般に関する重要なメッセージの一つは、情報通信技術への社会的影響評価、およびそれへの対応の重要性である。

情報通信技術のあり方は、第二部の各シナリオにおいて重要であった。第三章高齢化に関するシナリオでは、自己責任自己実現シナリオにおいて、たとえば二か所居住的な田舎暮らしを可能にするツールとして情報通信技術は不可欠であったし、新たな公シナリオにおいて、ボランタリーな貢献を確保するために情報通信技術が監視の手段として使われ、プライバシーがなくなることが懸念されていた。第四章都市と交通に関するシナリオでは、情報通信技術の発展は見通しの確実な事象とされ、公共交通中心シナリオにおいても個人交通中心シナリオにおいても、情報通信技術は不可欠の要素とされている。第

五章食と農に関するシナリオでも、空洞化シナリオにおけるグローバルなトレーサビリティ制度の導入、地域再生シナリオにおける農業と消費と生産が直結したマーケットイン型の流通システムの構築や農業と地場の食品産業との連携において、情報通信技術は不可欠な要素であろう。

また、第三部第九章でエネルギー・環境技術政策の課題として示された、将来のエネルギー・インフラのイノベーション（いわゆるスマート・グリッド）においても、情報通信技術を活用して需要と供給をリアルタイムで把握し、需要と供給のリアルタイムでの調整を可能にするというのが重要なポイントである。

しかし、第二部第七章「技術進歩と社会」において示されるように、情報通信技術の進歩は社会のあり方を形作る能動的機能を持つものの、その社会における役割は一義的に決まるわけではない。情報通信技術の進歩に対する人々の価値観や、市場・政府の対応が、将来の社会や社会における情報通信技術のあり方を規定していく。

このように考えると、エネルギー環境政策は情報通信政策とも連携することが必要であることが示唆されているとも言える。

五．情報基盤充実の重要性

エネルギー環境政策のみならず、根拠に基づいた政策形成（evidence based policy making）には、その根拠として科学的・客観的データが必要である。また、政策の説明責任（accountability）を高める意味でも、データの整備とステークホルダー間における共有化は不可欠である。

これまでのエネルギー・環境政策論議においては、そもそも基礎的なデータが存在しないといった事態や、重要なデータが縦割りでかつ非公開故に、関係者間で「情報の非対称性」（情報にアクセスがある関係者とそうでないものとで、課題に対する理解や認識に格差が出ること）が発生するといった事態が起きている。たとえば、第三部第九章で検討した温暖化ガスコストカーブについて言えば、日本におけるそのようなコストカーブがこれまで存在していない。また、国立環境研究所が最近発表したカーブでは、断熱のコストが非常に高く、自動車関連の効率化が最もコスト効果の高い技術とされており、また原子力発電も含まれていない。これらの結果はマッキンゼーのコストカーブと大きく異なる[3]。このようなデータの相違を、客観的に議論する場を設けて、データの充実を図っていくことが望まれる。

六．おわりに――政策空間の開放化と国際的政策プロセスにおけるソフトパワーの構築

エネルギー環境政策は、伝統的には、閉じた政策空間で議論されてきた。言い方を変えれば、一部のプロの世界の話であったと言える。しかし、地球温暖化問題やエネルギー安全保障問題などを契機に、エネルギー環境政策・技術のあり方は、幅広い社会の課題とつながることが不可避であることが認識されてきた。また、経済危機後の経済刺激策のなかにも長期的なエネルギー・環境技術政策を埋め込んでいく必要がある[4]。このような課題の広がりの認識に対応して、エネルギー環境政策を議論するガバナン

スにおける政策空間自体をより開放的なものにすることが求められていると言える。

本書で試みた問題構造化分析とシナリオ分析は、そのような開放的政策空間で求められる分析・要素の実験であった。これらを通して、エネルギー環境政策・技術のあり方が、住まい方に関わる基本問題、情報通信技術に関わる基本問題につながっていることが明らかになった。また、基礎的情報充実の必要や認識情報資源活用の必要も再確認された。

それでは、このような開放的な政策空間を社会においてどのように確保していくのか。それを実現するためのステップ、特に今後持続可能な社会への「移行マネジメント（transition management）」[5]はいかにあるべきか。これらが今後に残された課題である。

また、政策の内容に関して言えば、本書の主張は第三部第九章において論じたように、技術の問題、制度の問題、場合によっては価値の問題をセットに論じるべきであるというものであった。たとえば、本書において触れられたコンパクトシティという政策構想は交通に伴う環境負荷を減らし、医療・福祉サービスの提供を効率的に行い、財政負担を減らせるという意味で相補的な構想であった。しかし、他方、森林等の国土管理をどうするのか、あるいは、土地に愛着を持つ高齢者等を半ば強制的に移転させることができるのかという価値に関わる問題も扱わなくてはならない。また、日本は新幹線も含めて公共交通の技術システムが発達しているが、これを海外に移転する際には技術だけではなく公共交通利用が「かっこいい」と思われるような文化・価値をセットで提起する必要がある。このように技術的解を提供するだけではなく制度や価値とセットで提示することによって、国際的政策過程におけるソフトパワーを獲得することができる。そして、このような戦略をとっていくためには、技術と制度・価値をセットで扱うことのできる人材養成が不可欠であろう。

注

1 http://www.decc.gov.uk/en/content/cms/about/about.aspx

2 http://www.dius.gov.uk/partner_organisations/office_for_science/foresight/horizon_scanning

3 http://www.kantei.go.jp/jp/singi/tikyuu/kaisai/dai03tyuuki/siryou2-2_1.pdf

4 経済刺激パッケージに占める環境関連の比率は韓国、ＥＵ、中国が高いと言われている (Giddens, Latham and Liddle 2009).

5 エネルギーシステム、交通システム、農業システム等の移行プロセスのマネジメントに関する意識的議論であるオランダ等における移行マネジメント論は参考になろう (Grin, Rotmans and Schot 2009).

参考文献

加藤浩徳・城山英明・中川善典（二〇〇五）「広域交通政策における問題把握と課題抽出手法—関東圏交通政策を事例とした分析—」『社会技術研究論文集』第3巻。

城山英明・木方幸久・宮崎洋子（二〇〇七）「パブリック・コミュニケーション（ＰＣＭ）～日本の現状と今後の課題～」ESRI Discussion Papers Series 188.

城山英明・鈴木寛・細野助博（編著）（一九九九）『中央省庁の政策形成過程—日本官僚制の解剖』中央大学出版部。

鈴木達治郎・城山英明・松本三和夫（編著）（二〇〇七）『エネルギー技術導入の社会意思決定』日本評論社。

Giddens, Anthony, Latham, Simon and Liddle, Roger (eds.) (2009) *Building a Low Carbon Future: The Politics of Climate Change*, Policy Network.

Grin, John, Rotmans, Jan and Schot, Johan (2009) *Transition to Sustainable Development: New Direction in the Study of Long Term Transformative Change*, KSI.

Martin, Ben R. and Irvine, John (1989) *Research Foresight: Priority-Setting in Science*, London, Pinter.

Miles, Ian (2005) "UK Foresight: three cycles on highway," *International Journal of Foresight and Innovation Policy*, vol. 2-1.

おわりに

本書の基礎となった東京大学公共政策大学院寄附講座「エネルギー・地球環境の持続性確保と公共政策」（ＳＥＰＰ）における研究は、二〇〇六年度〜二〇〇八年度の三年間にわたって、電気事業連合会、東京電力株式会社、株式会社東芝、新日本石油株式会社、株式会社日立製作所、新日本製鐵株式会社、野村證券株式会社、キヤノン株式会社、株式会社資生堂、富士ゼロックス株式会社、日本電気株式会社、石川島播磨重工業株式会社（現　株式会社ＩＨＩ）、住友化学株式会社、三菱電機株式会社、松下電器産業株式会社（現　パナソニック株式会社）、日新製鋼株式会社の寄附により行われた。理工系の分野では多様な「産学連携」が行われているが、文科系においてはこのような試みは少ない。ＳＥＰＰは、二〇〇四年に設立された東大公共政策大学院の最初の寄附講座として、公共政策に関する新たな政策討議空間の構築を目指して、エネルギー・環境政策を素材として、文科系の「産学連携」を試みた。その際、公共政策という多くの関係者に関わるいわば公共財を対象とするため、複数の企業から支援を受けるという方式をとった。

また、資金面だけではなく、現場の知識や問題意識をフィードバックしていただくため、定期的な議論の場として政策フォーラムを設置し、一〇社の方々に出席して頂いた。この政策フォーラムにおいては、誰が何を言ったかは外部には明らかにしないといういわゆるチャタムハウス・ルールに基づき、参加企業の方々、大学サイドの研究者の問題提起をベースに議論するとともに、国内外の専門家、各省行政関係者、関連ビジネス関係者等にも幅広く参加して頂き、議論を行った。また、年に一度、比較的大規模の公開フォーラムも開催した。

本研究においては、まず、エネルギー・環境技術導入に関する、さまざまな現場における問題意識を可視化することが重要であると考え、政策フォーラム参加企業を中心とするさまざまな企業、国の各種行政機関、地方自治体等を対象とするステークホルダー分析を基礎に、本書第一章を構成するエネルギー・環境技術導入に関する問題構造化を行った。数か月にわたるインタビュー調査を素材として分析を行い、二〇〇七年九月二一日の第一三回政策フォーラムで検討し、その後二〇〇七年一〇月一九日に東京大学鉄門記念講堂で開催された第二回公開フォーラム「エネルギー・地球環境技術政策の新機軸そして公共政策へ」において報告・討議を行った。討議にはパネリストとして、児玉文雄氏（芝浦工業大学）、田井一郎氏（株式会社東芝）、小原昌氏（東京都）、ゴードン・マッキャロン氏（サセックス大学）にも参加して頂いた。

第一部第二章および第二部を構成するシナリオ分析については、二〇〇七年三月一四日に開催された第八回政策フォーラムにおけるシナリオ方法論の紹介を踏まえ、二〇〇八年一月一八日における第一五回政策フォーラムなどにおいて、エネルギー・環境政策の将来を考える前提となる日本社会の将来像に関するシナリオ作成の方法を検討した。その過程で、狭義の日本のエネルギー・環境問題に限られることなく、視野を広げることが重要だと考え、二〇〇八年一月三一日に「検討課題に関する事前勉強会」を行い、大野嘉久氏（日本サスティナブル・エナジー株式会社）、澤田俊明氏（環境とまちづくり）、花本靖氏（上勝町）、松谷明彦氏（政策研究大学院大学）、瀬田史彦氏（大阪市立大学）、小峰隆夫氏（法政大学、日本経済研究センター）といった外部専門家の方々の参加も得て、アジア・アフリカを含むグローバルなエネルギー問題、地域再生問題、人口問題・高齢化問題、アジア地域開発問題等に関する幅広い課題把握を行った。その上で、二〇〇八年二月一五日から一六日にかけて、かずさアカデミアパークにおいて合宿形式で、シナリオワークショップ「エネルギー・環境にかかわる新技術と未来社会の製品需要の『場』」を行った。この場には、企業等の現場の方々のインプットを得ることも重要だと考え、政策フォーラム参加企業などから、小林伸宏氏（株式会社ＩＨＩ）、田中祐一氏（新日本石油株式会社）、遠藤康之氏（東京電力株式会社）、忍義彦氏（東京電力株式会社）、稲葉道彦氏（株式会社東芝）、大越龍文氏（野村證券株式会社）、赤津昌幸氏（株式会社日立）、鈴木重宏氏（富士ゼロックス株式会社）、田中章喜氏（松下電器産業株式会社）、太田完治氏（三菱電機株式会社）、谷口武俊氏（財団法人電力中央研究所）にも参加して頂いた。

また、シナリオ検討に際しては、国際的に視野を広げることも重要だと考え、日本と同じくアジアの先進国であるとともに、条件は異なるもののグローバル化や高齢化といった共通した課題に直面する国として、シンガポールとの比較を試みた国際ワークショップをシンガポール国立大学リークアンユー公共政策大学院において開催した。東京大学公共政策大学院はリークアンユー公共政策大学院とは学生交換等も含めてさまざまな交流を行っている。二〇〇八年五月八日に開催した「シナリオワークショップ：

持続可能なエネルギーと環境をめぐる日本とシンガポールの対話」には、シンガポール国立大学のアン・フロリーニ氏、ゴピ・ラティナラジ、ヤップ・ムイテン氏、ファ・ティエンファン氏、エルスペス・トムソン氏、ギリアン・コー氏やシンガポール環境庁のアナンダラム・バスカー氏などの方々にも参加して頂き、シンガポールにおけるシナリオ作成、高齢化問題、交通問題、エネルギー問題について報告等して頂いた。

その後、執筆者を中心に、二〇〇八年八月一六日から一七日にかけて千葉県佐倉市において再度合宿を行い、とりまとめを加速した。そして、二〇〇八年一〇月三一日に行われた第二二回政策フォーラムにおいて中間報告を行い、二〇〇九年二月一三日に東京大学福武ラーニングシアターにおいて開催された第三回公開フォーラム「日本社会の未来とエネルギー・環境」においても、報告・討議を行った。この場においては、シナリオワークショップ参加者である田中章喜氏、鈴木重宏氏からパネリストとしてシナリオの含意に関する意見をうかがうとともに、本書第三部第九章の政策提言の内容などに関し、西本淳哉氏(経済産業省)、谷口武俊氏からもインプットを頂いた。

このように本書の作成過程は、課題設定、政策実施環境の将来変化に関するシナリオ分析、政策選択肢の検討といったプロセスに関して、どのように関係者や専門家を巻き込みつつ政策討議空間を構築していくのかという、政策検討プロセスのマネジメントの実験であったということもできる。このような包括的な作業の実験を基礎に、住宅における省エネ・再生可能エネルギー利用や次世代自動車等の交通システムと電力等エネルギーシステムの関係といったより具体的課題に関して、分野横断的な政策選択肢の検討を行うことが今後の課題となる。

最後に、このような実験的研究を可能にして頂いた寄付者の方々、また、さまざまな段階で知的なインプットを頂いた専門家・実務家の方々に、心から感謝したい。

編者を代表して　城山英明

執筆者紹介（執筆順）

松浦　正浩（まつうら・まさひろ）
1974年生まれ、東京大学公共政策大学院特任准教授
専攻：合意形成論
主要著作：『Localizing Public Dispute Resolution in Japan』(VDM、2008)、『コンセンサス・ビルディング入門』(共訳、有斐閣、2008)、「ステークホルダー分析手法を用いたエネルギー・環境技術の導入普及の環境要因の構造化」『社会技術研究論文集』5巻（共著、2008）

木下　理英（きのした・りえ）
公正取引委員会事務総局企業結合課企業結合調査官主査
専攻：競争政策、シナリオ・プランニング、イノベーション戦略

加藤　浩徳（かとう・ひろのり）
1970年生まれ、東京大学大学院工学系研究科准教授
専攻：交通計画、交通政策
主要著作：『それは足からはじまった―モビリティの科学―』(共著、技報堂出版、2000)、『現代の新都市物流』(共著、森北出版、2005)、『科学技術のポリティクス』(共著、東京大学出版会、2008)

山口　健介（やまぐち・けんすけ）
1981年生まれ、東京大学大学院特任研究員、㈶電力中央研究所協力研究員
専攻：エネルギー・資源保全、タイ地域研究
主要著作：『人々の資源論』(共著、明石書店、2008)、“Scarcity and Conflict of Resources: Chom Thong Water Conflict” (International Association for the Study of the Common Property, 2006)

橘川　武郎（きっかわ・たけお）
1951年生まれ、一橋大学大学院商学研究科教授
専攻：日本経営史、エネルギー産業論
主要著作：『日本電力業発展のダイナミズム』(名古屋大学出版会、2004)、『松永安左エ門』(ミネルヴァ書房、2004)、『資源小国のエネルギー産業』(芙蓉書房出版、2009)

湊　隆幸（みなと・たかゆき）
1956年生まれ、東京大学大学院新領域創成科学研究科准教授、国連大学客員教授、キングモンクット工科大学客員教授、アジア工科大学院非常勤講師など
専攻：事業意思決定、科学技術論
主要著作：『企業の国際協力とリスク』（共著、東京大学出版会、2004）、『資源を見る眼』（共著、東信堂、2008）など

上野　貴弘（うえの・たかひろ）
1979年生まれ、(財)電力中央研究所主任研究員
専攻：地球環境政策、国際関係論
主要著作：“International Technology-Oriented Agreements to Address Climate Change”（共著、*Energy Policy*, 2008）、“Technology Transfer to China to Address Climate Change Mitigation”（*Resources for the Future,* Issue Brief, 2009）、『エネルギー技術の社会意思決定』（共著、日本評論社、2007）

索　引

【ヤ行】

【ラ行】

【欧字】

編著者紹介

城山　英明（しろやま・ひであき）

1965年生まれ、東京大学大学院教授

専攻：行政学、科学技術と公共政策、国際行政論

主要著作：『中央省庁の政策形成過程―日本官僚制の解剖』（共編著、中央大学出版部、1999）、『法の再構築III　科学技術の発展と法』（共編著、東京大学出版会、2007）、『エネルギー技術の社会意思決定』（共編著、日本評論社、2007）、『国際援助行政』（東京大学出版会、2007）、『科学技術ガバナンス』（編著、東信堂、2007）

鈴木　達次郎（すずき・たつじろう）

1951年生まれ、㈶電力中央研究所研究参事、東京大学大学院客員教授（兼務）

専攻：原子力政策、科学技術政策

主要著作：『どうする日本の原子力』（共著、日本工業新聞社、1998）、『今平和とは何か』（共著、法律文化社、2004）、『エネルギー技術の社会意思決定』（共編著、日本評論社、2007）

角和　昌浩（かくわ・まさひろ）

1953年生まれ、昭和シェル㈱チーフエコノミスト、名古屋大学エコトピア科学研究所客員教授

専攻：石油・エネルギー産業、シナリオ・プランニング

主要著作：『ハムステッドヒースを歩こう』（近代文藝社、1995）、『シナリオ・プランニングの作法』（共著、東洋経済、2000）、「シナリオ・プランニングの実践と理論」（日本エネルギー経済研究所、2005-06）

日本の未来社会―エネルギー・環境と技術・政策

2009年11月30日　　初　版第1刷発行　〔検印省略〕

定価はカバーに表示してあります。

編著者©城山英明・鈴木達治郎・角和昌浩／発行者 下田勝司　印刷・製本／中央精版印刷

東京都文京区向丘1-20-6　郵便振替00110-6-37828

〒113-0023　TEL（03）3818-5521　FAX（03）3818-5514

発行所 株式会社 東信堂

Published by TOSHINDO PUBLISHING CO., LTD.

1-20-6, Mukougaoka, Bunkyo-ku, Tokyo, 113-0023, Japan

E-mail : tk203444@fsinet.or.jp　http://www.toshindo-pub.com

ISBN978-4-88713-951-0 C0030